职业安全与健康防护科普丛书

交通运输业人员篇

指导单位　国家卫生健康委职业健康司　应急管理部宣传教育中心
组织编写　新乡医学院　中国职业安全健康协会

总主编◎任文杰
主　审◎樊毫军
主　编◎洪广亮
副主编◎杨建中　兰　超　徐　军　倪天军　高建辉

编　者（按姓氏笔画排序）
王　军　支绍册　兰　超　朱延安　刘兆祺　许　毅
李　伟　杨建中　汪红霞　郑悦亮　胡伟雄　洪广亮
倪天军　徐　军　高建辉

秘　书◎李　冬　李雯雯

人民卫生出版社
·北京·

版权所有，侵权必究！

图书在版编目（CIP）数据

职业安全与健康防护科普丛书．交通运输业人员篇 / 洪广亮主编．—北京：人民卫生出版社，2022.8（2025.1 重印）
ISBN 978-7-117-33509-6

Ⅰ.①职… Ⅱ.①洪… Ⅲ.①交通运输业 – 劳动保护 – 基本知识 – 中国 ②交通运输业 – 劳动卫生 – 基本知识 – 中国 Ⅳ.① X9 ② R13

中国版本图书馆 CIP 数据核字（2022）第 157699 号

人卫智网	www.ipmph.com	医学教育、学术、考试、健康、购书智慧智能综合服务平台
人卫官网	www.pmph.com	人卫官方资讯发布平台

职业安全与健康防护科普丛书——交通运输业人员篇
Zhiye Anquan yu Jiankang Fanghu Kepu Congshu
——Jiaotong Yunshuye Renyuan Pian

主　　编：洪广亮
出版发行：人民卫生出版社（中继线 010-59780011）
地　　址：北京市朝阳区潘家园南里 19 号
邮　　编：100021
E - mail：pmph @ pmph.com
购书热线：010-59787592　010-59787584　010-65264830
印　　刷：北京铭成印刷有限公司
经　　销：新华书店
开　　本：710×1000　1/16　印张：12
字　　数：150 千字
版　　次：2022 年 8 月第 1 版
印　　次：2025 年 1 月第 2 次印刷
标准书号：ISBN 978-7-117-33509-6
定　　价：59.00 元

打击盗版举报电话：010-59787491　E-mail：WQ @ pmph.com
质量问题联系电话：010-59787234　E-mail：zhiliang @ pmph.com
数字融合服务电话：4001118166　　E-mail：zengzhi @ pmph.com

《职业安全与健康防护科普丛书》

指导委员会

主 任
王德学　教授级高级工程师，中国职业安全健康协会

副主任
范维澄　中国工程院院士，清华大学
袁　亮　中国工程院院士，安徽理工大学
武　强　中国工程院院士，中国矿业大学（北京）

委 员
吴宗之　研究员，国家卫生健康委职业健康司
赵苏启　教授级高级工程师，国家矿山安全监察局事故调查和统计司
李　峰　教授级高级工程师，国家矿山安全监察局非煤矿山安全监察司
何国家　教授级高级工程师，国家应急管理部宣教中心
马　骏　主任医师，中国职业安全健康协会

《职业安全与健康防护科普丛书》

编写委员会

总 主 编 任文杰

副总主编（按姓氏笔画排序）

王如刚　任厚丞　吴　迪　邹云锋　张　涛
赵广志　洪广亮　姚三巧　曹春霞　常廷民
韩　伟　焦　玲　樊毫军

编　委（按姓氏笔画排序）

丁　凡　于　毅　王　剑　王　致　王　磊
牛东升　付少波　兰　超　任厚丞　严　明
李　琴　李硕彦　杨建中　张　蛟　周启甫
赵瑞峰　侯兴汉　姜恩海　袁　龙　倪天军
徐　军　徐晓燕　高建辉　高景利　涂学亮
黄世文　黄敏强　彭　阳　董定龙

总序

近年来国家出台、修订了《中华人民共和国安全生产法》《中华人民共和国职业病防治法》等一系列的法律法规，为职业场所工作人员筑起一道道的"防火墙"，彰显了党和政府对劳动者安全和健康的高度重视。随着这些法律法规的贯彻落实，我国的职业安全健康工作逐渐呈现出规范化、制度化和科学化。

职业健康危害是人类社会面临的一个既古老又现代的课题。一方面，由于产业工人文化程度较低，对职业安全隐患及健康危害因素的防范意识较差，缺乏职业危害及安全隐患的基本知识和防范技能，劳动者的职业安全与健康问题十分突出；另一方面，伴随工业化、现代化和城市化的快速发展，各类灾害事故，特别是职业场所事故灾难呈多发频发趋势，严重威胁着职业场所劳动者的健康。因此，亟须出版一套适合各行业从业人员的职业安全与健康防护的科普书籍，用来指导产业工人掌握职业安全与健康防护的知识、技能，学会辨识危险源，掌握自救互救技能。这对保护广大劳动者身心健康具有重要的指导意义。

本丛书由领域内专家学者和企业技术人员共同编写而成。编写人员分布在涉及职业安全与健康的各行业，均为长期从事职业安全和职业健康工作的业务骨干。丛书编写以全民健康、创造安全健康职业环境为目标，紧密结合行业的生产工艺流程、职业安全隐患及职业危害的特征，同时兼顾职业场所突发自然灾害和事故灾难情境下的应急处置，丛书的编写填补了业界空白，也阐述了科普对职业健康的重要性。

  本丛书根据行业、职业特点，全方位、多因素、全生命周期地考虑职业人群的健康问题，总主编为新乡医学院任文杰校长。本套丛书分为八个分册，分册一为消防行业人员篇，由应急总医院张涛、上海消防医院吴迪主编；分册二为矿山行业人员篇，由新乡医学院任文杰、姚三巧主编；分册三为建筑行业人员篇，由深圳大学总医院韩伟主编；分册四为电力行业人员篇，由天津大学樊毫军、曹春霞主编；分册五为石化行业人员篇，由北京市疾病预防控制中心王如刚主编；分册六为放射行业人员篇，由中国医学科学院放射医学研究所焦玲主编；分册七为生物行业人员篇，由广西医科大学邹云锋主编；分册八为交通运输业人员篇，由温州医科大学洪广亮主编。

  本丛书尽可能地面向全部职业场所人群，力求符合各行各业读者的需求，集科学性、实用性和可读性于一体，相信本丛书的出版将助力为广大劳动者撑起健康"保护伞"。

清华大学
2022 年 8 月

前言

交通作为人们衣、食、住、行四大生活基本需求之一，其安全问题广受关注。尤其，近年来随着我国交通机动化水平不断提升，公路、铁路、水路、航空运输日益发达的同时，各类交通安全事故随之增多，严重威胁我国人民群众健康及生命财产安全。危急时刻，现场人员的互救、自救对于挽救伤员生命、降低灾害损失意义重大。目前，交通运输行业人员包括参与者对各类突发事件风险识别、预防和现场自救、互救的能力均亟须提升。因此，编写针对交通运输行业人员的职业安全与健康防护科普书籍十分必要。

本书主要围绕交通运输行业常见突发事件应急过程中应知晓的知识与技能展开，涵盖公路、铁路、水路、航空以及高原、隧道等各类场景下常见事故伤员的早期识别、现场应急处置、注意点及预防等内容，并向广大读者介绍了重大突发事件应急处置流程和管理相关策略，旨在为广大从事交通运输行业的工作人员和参与者，提供一本较为全面系统的应对突发事件的知识科普书籍。

本书采用总分结合的叙述框架。总论概括我国交通安全现状、各类交通事故常见成因及防范，以及各种事故现场通用的基本急救技术等；分论则分别就公路与铁路、城市客运、水路、航空和特殊场所等常见突发事件的伤情特征，重点介绍了现场应急处置原则与技巧，并配合突发事件实例展示现场应急抢救过程。全书脉络清晰，图文并茂，便于理解。通过本书可提高交通行业人员风险识别与防范意识，使他们掌握简单的自救、互救技能，在危急时刻更从容、更有序地面对突发事件，将交通突发事件带来损失降至最低。

参与本书编写的是来自全国交通行业、灾害救援医学、急诊医学一线具有丰富经验的知名专家和学者。他们从十分繁忙的日常工作中抽出宝贵时间，积极为本书赐稿，不仅使本书增色甚多，更体现编者们对医学科普工作的热情与挚爱。特别是樊毫军教授百忙之中一直给予编者诸多支持与鼓励，在此一并表示衷心感谢！由于对交通行业了解尚有不足，加之编者专业能力、经验和时间的限制，书中某些观点与取材的片面或不妥之处在所难免，殷切期望各位读者给予批评指正。

编者

2022 年 2 月

目录

第一章 总论

第一节 交通运输行业安全状况与发展趋势·················001
 一、我国各类交通运输安全现状·················001
 二、我国交通安全未来发展趋势·················003

第二节 交通运输工作危害与环境危害识别·················004
 一、危害因素分类·················005
 二、危险因素的识别方法·················007
 三、危险因素识别标准·················007
 四、常见危害因素的应对·················008

第三节 交通运输人员突发事故常用急救技术·················010
 一、心肺复苏·················010
 二、常用创伤急救技术·················014

第四节 重大交通事故应急救援一般原则与管理·················021
 一、重大交通事故的应急救援原则·················021
 二、重大交通事故现场救援的实施·················022
 三、疫情常态化防控下的救援管理·················024
 四、重大交通事故的社会舆情应对·················027

第二章

公路与铁路交通运输职业安全与防护

第一节　公路交通事故伤员特征 ……………………………030
一、公路交通事故的原因 …………………………………030
二、公路交通事故伤害分类 ………………………………031
三、公路交通事故伤员分类 ………………………………032
四、公路交通事故致死因素 ………………………………034
五、普通公路交通伤特征 …………………………………035
六、高速公路交通伤特征 …………………………………035

第二节　铁路（轨道）交通事故伤员特征 …………………037
一、铁路（轨道）交通事故伤害分类 ……………………037
二、铁路（轨道）交通伤特征 ……………………………037

第三节　公路与铁路交通事故常见急症的识别与紧急处置 …039
一、颅脑外伤的识别和紧急处置 …………………………039
二、胸部外伤的识别和紧急处置 …………………………043
三、腹部外伤的识别和紧急处置 …………………………047
四、脊柱脊髓损伤的识别和紧急处置 ……………………049
五、四肢损伤的识别和紧急处置 …………………………052
六、多发伤的识别和紧急处置 ……………………………054
七、中暑的识别和紧急处置 ………………………………056
八、烧烫伤的识别和紧急处置 ……………………………058

第四节　典型案例 ·· 061
　　一、乐清京岚线机动车与非机动车相撞造成致命
　　　　交通伤的现场救治 ·· 061
　　二、关于"7·23"温州动车追尾事故抢险救援情况 ·········· 062

第三章
城市客运交通职业安全与防护

第一节　城市客运交通事故伤员特征 ·························· 065
　　一、城市客运交通系统的构成 ·································· 065
　　二、城市客运交通事故特点 ····································· 067
　　三、城市客运交通事故伤员特征 ······························· 067

第二节　城市客运交通事故常见急症的识别与紧急处置 ········ 068
　　一、现场急救的原则 ·· 068
　　二、急症现场伤情识别 ··· 069
　　三、常见急症现场处置 ··· 071
　　四、注意事项 ·· 075

第三节　典型案例 ·· 075
　　一、事件经过 ·· 075
　　二、地铁事故发生的特点 ······································· 076
　　三、此次地铁事故伤员特征 ···································· 076
　　四、地铁事故伤员的现场处置方法 ···························· 077

第四章
水路交通运输职业安全与防护

第一节 水路交通事故的救援 ……………………………………………**079**
一、常见水路交通事故的类型 ……………………………………079
二、现场医学急救 …………………………………………………082
三、落水伤员搜救和自救 …………………………………………084
四、海上伤员的医疗后送 …………………………………………087

第二节 水路交通事故常见急症识别与处理 …………………………**090**
一、淹溺的识别与紧急处置 ………………………………………090
二、潜水病的识别与紧急处置 ……………………………………094
三、晕动症的识别与紧急处置 ……………………………………096
四、海洋毒素中毒的识别与紧急处置 ……………………………098
五、硫化氢中毒的识别与紧急处置 ………………………………101
六、低体温的识别与紧急处置 ……………………………………103
七、脱水的识别与紧急处置 ………………………………………105

第五章
航空运输职业安全与防护

第一节 空防安全类事件应对与防范 …………………………………**108**
一、非法干扰事件 …………………………………………………108
二、恐怖袭击事件 …………………………………………………114

第二节 事故灾难事件应对与防范 ……………………………………**117**

一、航空器紧急事件 …………………………………………………… 117
　　二、火灾 …………………………………………………………………… 120
　　三、机场保障系统故障 ………………………………………………… 128

第三节　自然灾害应对与防范 ………………………………………… 130
　　一、台风的应对 ………………………………………………………… 130
　　二、雷暴的应对 ………………………………………………………… 133
　　三、大雾的应对 ………………………………………………………… 133

第四节　典型案例 ………………………………………………………… 134
　　一、事件经过 …………………………………………………………… 135
　　二、处理经过 …………………………………………………………… 135

第六章

特殊场所运输人员安全与防护

第一节　放射性物品运输事故的安全防护与紧急处置 ………… 139
　　一、放射性物品运输事故和放射性损伤概述 ……………………… 139
　　二、放射性物品运输事故分级 ……………………………………… 140
　　三、放射性物品运输事故中的医疗紧急情况 ……………………… 140
　　四、预防措施 …………………………………………………………… 144

第二节　危化品运输事故的安全防护与紧急处置 ……………… 146
　　一、危化品运输事故概述 …………………………………………… 146
　　二、危化品运输事故所致医疗事件的分类 ……………………… 146
　　三、危化品运输事故中的紧急医疗事件临床表现 ……………… 147

15

四、危化品运输事故中的现场紧急处置…………………………………149
　　五、预防措施………………………………………………………………151

第三节　高原严寒运输事故的安全防护与紧急处置……………151
　　一、高原严寒运输事故概述………………………………………………151
　　二、高原严寒环境对人体的影响…………………………………………152
　　三、常见的高原运输过程中紧急医疗情况………………………………154
　　四、紧急医疗情况的现场紧急处置………………………………………157
　　五、高原严寒环境下预防措施……………………………………………159

第四节　隧道重大交通事故的安全防护与紧急处置………………161
　　一、隧道交通事故概述……………………………………………………161
　　二、隧道事故的主要原因…………………………………………………161
　　三、隧道内交通事故的特点………………………………………………163
　　四、隧道交通事故的防范…………………………………………………165
　　五、隧道重大交通事故的紧急处理………………………………………168

第五节　典型案例…………………………………………………174
　　一、事件经过………………………………………………………………174
　　二、救治过程………………………………………………………………174

第一章 总论

第一节 交通运输行业安全状况与发展趋势

近年来,随着经济快速发展,我国交通机动化水平明显提升,公路、铁路、水路、航空运输日益发达,各项交通安全事故随之增多。数据显示,2015年我国交通事故致死率达22%,死亡人数3.3人/万车,远高于西方发达国家的1%～4%和1.2～1.7人/万车水平。虽然近年来交通事故发生数和死亡人数呈现下降趋势,但我国交通运输行业安全总体形势仍然严峻。因此,从事交通运输行业人员学习一些突发事件应急救护和健康防护知识是相当必要的。

一、我国各类交通运输安全现状

(一)公路交通运输安全现状

据统计,2020年全国交通事故共24万余起。晋济高速隧道"3·1"特别重大道路交通危化品燃爆事故、泸昆高速"7·19"特别重大交通事故、云南通建高速公路"8·22"重大道路交通事故、甘肃G75兰海高速兰临段"11·3"重大道路交通事故震惊全国,严重威胁我国人民生命与财产安全。

我国高速公路具有交通量大、行车速度快、事故发生率高、死亡人数多等特点，引发高速公路交通事故的主要原因包括：措施不当、超载运输、超速行车，以及疲劳驾驶、车距不足、疏忽大意等。

随着农村自有车辆和运输车辆数量增多，农村公路交通也存在诸多安全问题。由于前期投入不足、公路周边环境复杂，例如急弯、陡坡、视距不良等缺乏良好设计和相应的安全防护措施，加上车辆混行、管理不足等因素，农村公路各种重大交通事故并不少见。

（二）铁路交通安全现状

铁路运输具有运量大、运载能力强、经济实惠等显著优势，是支撑我国运输事业持续发展的重要部分。从 2008 年到 2020 年，我国铁路经历六次大提速，从当年最快时速 160 千米到目前时速 350 千米，铁路发展速度让人惊叹。以往铁路运输事故显示，影响铁路运输安全的因素主要包括：首先，铁路安全运输的管理制度尚需进一步完善，主动安全意识不强，无法做到预防性规避事故。其次，铁路设备安全防护工作的难度日益加大，铁路运输设备不完善，容易出现停运、晚点、瘫痪等事故，对列车运行产生了严重的安全隐患。此外，铁路运输工作也受自然条件的约束，尤其是极端天气或地质灾害的影响。

（三）内河航道交通安全现状

目前，我国内河航道超过 12 万千米，水上交通安全也存在着巨大的压力和不足。仅 2019 年，先后发生广西北海"北游 25"轮搁浅和山东烟台"渤海玛珠"轮火灾事故等，分别造成近 800 人和610人遇险。这些都暴露出水上运输突发重大事故的风险依旧存在。其中，内河航道运输从业人员安全意识不强、水上交通安全法律法规体系不完善等，都是水上道路安全事故频发的主要因素。

（四）航空交通安全现状

虽然航空飞行的事故率一直处在较低的水平，伤亡人数相较汽车和火车等交通工具要少，但安全事故时有发生，且后果严重。例如马航 MH370 失联事件、东航 MU5735 坠机事件等均让世人产生巨大的心理阴影。有研究显示近一半飞行事故均发生在着陆阶段，且大多数航空事故与人为因素相关。因而加强工作人员培训、完善工作人员考核及改善相关管理制度对于航空安全有着至关重要的作用。

二、我国交通安全未来发展趋势

当前，我国是名副其实的交通大国。高速公路、高速铁路里程数，以及万吨级及以上港口数，均位列世界第一。大型客机、高速列车等技术居于世界先进水平，网约车、共享单车等新兴行业引领世界潮流。党的十九大提出，我们要由交通大国发展为交通强国，对交通运输安全生产和应急工作提出了明确的要求。

（一）交通运输智能化与安全化

随着现代电子技术发展，交通运输走向信息智能化是不可逆的趋势。我国提出到2025年，交通运输基础设施和运载装置要向数字智能化迈出新步伐，实现全程覆盖信息服务，使交通运输系统走向智能化、安全化。

（二）交通运输速度优化

交通运输发展在不断向高速度进发，改善交通工具、采用恰当运输方式等措施均有利于提高运输速度。但速度的提高也会导致事故发生，如何保证减少交通事故的前提下优化交通速度将是大家共同关心的问题。

（三）交通运输区域联系加强

交通运输对加强区域之间的紧密联系发挥重要作用，其联系网和密度越来越大是现如今交通发展的趋势所向，区域联系加强有利于各地区和谐发展，通过不同地区的紧密联系带动各地区经济、社会、文化的协调发展。

（四）注重交通运输生态环保

一直以来，环保是我国发展的重要核心理念，将环保概念运用到交通运输是其发展的重要方向。正所谓绿水青山就是金山银山，交通运输未来走生态环保路线才能长盛不衰，才能实现可持续发展，才能与环境和谐共处。

（洪广亮）

第二节 交通运输工作危害与环境危害识别

正如前文所述，交通运输行业安全风险始终存在，尤其是在交通运输系统日益拓展的今天，各类安全风险随之增加。作为从事交通运输行业的相关人员，最关心的问题是，如何早期识别相关危险因素，并加以预防。这一节，我们重点介绍一下交通运输行业工作和环境危害的识别与预防。

一、危害因素分类

（一）人为因素

人是交通运输安全系统的主体部分，人的主观意识很大程度影响着交通运输安全。据报道，约 95% 以上的交通事故是由于人为过失导致的，主要分为生理、心理和行为三大类危害因素。

1. **生理危害因素** 从事交通运输行业人员性格特征及身体素质对于交通事故的发生有一定影响。例如，性格外向的人风险意识强、动作快，反应也快；而性格内向的人谨慎、小心、反应较慢，相比更易发生交通事故。从事交通运输行业相关人员视力、听力、体力状况对于交通事故发生率具有更大的影响。

2. **心理危险因素** 心理素质是影响交通安全的另一个重要因素。从事交通运输行业人员心理素质不高，比如无法长时间保持有效注意力，对交通情况的思考和衡量缺乏准确性，对交通行驶过程中的拥堵或意外无法灵活变通，甚至带有不利情绪上路等行为，都会使交通事故发生的可能性大大增加。

3. **行为危险因素** 在交通事故中，行为危害因素主要包括驾驶员和行人两个方面。驾驶员方面主要包括：疏忽大意、超速行驶、措施不当、违规超车、不按规定让行等行为。其中疏忽大意、措施不当与驾驶员驾驶技能、观察外界事物能力及心理素质等有关，而超速行驶、违法超车、不按规定让行则主要是其主观上不守法规或过失造成。行人相关危险行为包括：不走人行道、随意横穿马路、不按照红绿灯行走、不注意观察通行车辆等。这些危害行为滋生，主要由于普通民众交通法规意识淡薄，是我们亟须改变的。

（二）道路因素

道路因素对于交通事故的发生有着很大的影响。道路设计及标志设置不合理都是造成交通事故的隐患，例如直线型公路过长、拐弯半径过小、路口导流设计不合理等都容易导致交通事故的发生。此外，标志设置不合理，如标志过多或过少、位置不规范也容易诱发交通事故。因此，要想提升交通运输安全水平，需要加强对道路及标志的维护，确保具备良好的道路运输条件。

（三）环境因素

交通环境也是交通事故发生的危险因素，恶劣气候和环境对于交通安全十分不利。交通场地湿滑狭窄、杂乱不平，违规车辆不守规章制度，私家车、电动车、摩托车随意停放，风雪雾冰等环境影响均可导致事故发生。交通运输管理系统不仅受到自身环境的影响，也受整个社会大环境的影响，完善交通运输环境对减少交通事故发生十分重要。

（四）管理因素

管理因素也是引发交通事故的重要因素之一，主要体现在以下几个方面：①传统的规章制度无法有效地满足目前交通发展的需要，警力、设施、技术等各个方面的配置难以满足需求；②交通运输安全和行车安全相关法律法规普及不够；③操作规程不规范、培训制度不完善、职业健康管理不完善也是造成交通事故频发的原因。

二、危险因素的识别方法

道路安全危险因素辨识常用方法包括询问法、直观判断法、查阅记录法、故障树分析法、事件树分析法、安全检测表分析法。其中，询问法、直观判断法、查阅记录法是从事交通运输人员通过对现有相关法律法规、规章制度、标准规范及相关经验对危险因素进行评价，其判断相对简单，主要依靠交通参与者的观察分析能力，但容易受到参与者的知识、能力、经验等方面的限制，识别能力有限。而故障树分析法、事件树分析法、安全检测表分析法是专职分析人员根据事先编制好的安全检测表或相关数据统计进行分析危险因素的方法，相对可靠，但耗费人力精力大。不同情况下应用不同的识别方法对交通安全危险因素进行识别可以节省风险辨识操作的难度，提高辨识效率。

三、危险因素识别标准

（一）相关法律法规、规章制度

2003年10月28日公布的《中华人民共和国道路交通安全法》是关于道路交通安全的法律，共8章124条。

2004年4月30日公布的《中华人民共和国道路交通安全法实施条例》是国务院根据《中华人民共和国道路交通安全法》制定的国家法规，共计8章115条。

1997年7月3日审议通过的《中华人民共和国公路法》是为了加强公路的建设和管理，促进公路事业的发展而制定的法律。

交通法规还有很多，他们可以规范我国境内的车辆驾驶人、行人、乘车人以及道路交通活动，与广大人民群众切身利益息息相关。

（二）相关文件、规定、要求

2017年6月15日发布的《道路交通事故处理程序规定》是为了规范道路交通事故处理程序，保障公安机关交通管理部门依法履行职责，保护道路交通事故当事人的合法权益而制定。

2004年4月30日审议通过的《机动车驾驶证申领和使用规定》是为了规范机动车驾驶证申领和使用，保障道路交通安全而制定的规定。

现存的文件、规定、要求多样，对于安全交通实施十分重要，按照规定要求规范自身的行为，对于减少交通事故发生有明显作用。

（三）各岗位的安全操作规程

不同交通岗位对于各自的工作要求不同，其安全规程对于交通危险因素识别具有引导作用，相较法律法规、规章制度等更具有现实操作性，因而认真学习安全操作规程对于防范交通事故的发生极其重要。

四、常见危害因素的应对

（一）风天行车

刮风天气风沙弥漫，车辆易受风向影响而发生交通事故，确保行车安全要做到以下要求。

1. **把正方向** 根据风力大小和方向调整方向盘，确保汽车的安全路线和正确的行驶方向。

2. **降低车速** 减小风力和风向对车辆行驶稳定性影响。

3. **保持车距** 行驶过程中与其他车辆、行人、骑车人等保持一定距离，防止因风力问题导致刹车不及时发生交通事故。

(二)雪天行车

道路积雪使道路摩擦系数小,汽车制动性能差,是安全行车的主要风险因素。

1. **控制车速,保持车距** 雪天行车需要控制车速,与前车保持安全距离;

2. **避免急刹车** 急刹车容易导致车辆侧滑甩尾,造成剐擦、碰撞、翻车等交通事故。

3. **保持车内视野清晰** 寒冷天气上路时,车窗及后视镜易结雾,致车内视野不清晰而发生交通事故,保持车内视野清晰对于雪天交通安全十分必要。

(三)雾天行驶

雾天天气会导致道路可视度低,不利于交通出行,因而知晓雾天行车的注意事项,对防止不可逆的事故发生具有很大帮助。

1. **降低车速,保持安全距离** 雾天视野非常有限,在行驶过程中需要保持较大的安全行车距离,减慢车辆行驶速度,以免对突发事件无法做出反应。

2. **打开雾灯** 雾天开车时,打开雾灯或小灯,避免使用远光灯,以免导致对向行驶的驾驶员视线模糊。

3. **多鸣笛** 警告行人和其他车辆,车辆尽量在路中间行驶,避免掉入路边沟渠。

(四)疲劳驾驶

疲劳驾驶是指驾驶员在长时间驾车情况下而导致的心理和生理功能在一定程度上失调,致使驾驶技能严重下降的现象。疲劳驾驶是严重道路交通事故发生的重要原因之一。有研究显示,

17%～30%的致死性道路交通事故与疲劳驾驶相关。因此，疲劳驾驶成为备受人们关注的交通危险因素之一，如何减少疲劳驾驶的发生是交通安全关注的热点。

1. 保证充足的睡眠时间，至少保证一天7～8小时的最佳睡眠时间才能确保在车辆行驶中拥有充沛精力。

2. 重视交通安全意识，深刻地知晓疲劳驾驶所带来的危害，提高对生命的敬畏心，有关的政府部门、交通部门可以组织安全教育以及宣传工作，提高民众的交通安全的意识。

3. 加强管理部门对疲劳驾驶的检测、分析、总结和研究疲劳驾驶的规律，有针对性地开展电子监控和路面从严查处疲劳驾驶，防止引发交通事故。

（洪广亮）

第三节 交通运输人员突发事故常用急救技术

一、心肺复苏

心搏骤停是指各种原因导致的心脏突然失去正常射血能力，表现为突然意识丧失、大动脉搏动消失、呼吸停止的危急状态。一旦伤员发生心搏骤停，只有4～6分钟的抢救时机，否则将发生不可逆的脑死亡。

心肺复苏（cardio-pulmonary resuscitation，CPR）是对心搏骤停伤员实施的救命技术，包括胸外按压、开放气道、人工呼吸、电除颤及药物治疗等标准化操作与治疗，目的是帮助伤员建立暂时的人工循环，为患者恢复自主呼吸循环创造机会，是院外心搏骤停生存链（图1-3-1）中的重要环节。所以，无论医务人员还是普通大众，掌握心肺复苏技术都非常重要。

识别和启动　　即时高质量　　快速除颤　　基础及高级　　高级生命维持
应急反映系统　　心肺复苏　　　　　　　　急救医疗服务　和骤停后护理

图1-3-1　院外心搏骤停生存链

（一）成人心肺复苏流程

1. 评估现场是否安全　对于施救者而言，无论何时何地，都必须在评估事发现场环境安全后方可进入，并设法将患者转移至安全区域，否则将为自己带来危险，从施救者转变为被救者。

2. 判断意识　发现患者倒地，轻拍重喊，如患者无反应，则立即启动应急反应系统，同时向周围人群大声呼救。

3. 拨打急救电话，启动应急反应系统　"120"是我们常用的急救电话号码。拨打电话时沉着冷静，将电话开启外音，调节到最大音量，以方便在急救过程中与接线员沟通。急救电话接通后，按照接线员引导回答相应问题即可，按照接线员提示进行相应处置，并尽可能获取自动体外除颤器（automated external defibrillator，AED）。

4. 胸外按压（图1-3-2）

（1）伤者体位：将患者转移至安全的坚实地面或车厢地面并仰卧，解开上衣，暴露伤者胸部按压以便定位。

（2）**施救者位置：** 施救者跪在患者身体一侧，紧靠患者。如在车厢中抢救，施救者跪在两排座椅中间位置进行施救，亦可骑跨在患者腰部面对。

　　（3）**按压位置：** 心肺复苏按压位置为胸部两乳头连线的中点处。

　　（4）**按压动作要领：** 施救者双膝分开与肩同宽保持身体稳定；上身挺直前倾；双肘关节伸直，上臂垂直于患者胸壁。将一只手掌根部放在按压点，另一只手重叠压在其手背上并双手十指交叉，上方手指抓住下方手掌，协助下方手指抬离开胸壁。以髋关节为轴，依靠上半身重量向下按压，按压频率100～120次/分钟，按压深度至少5厘米。按压与放松时间1∶1，放松时保证胸廓充分回弹，但双手不要离开患者胸壁。按压30次后为伤者进行人工呼吸。

　　5. **开放气道**　胸外按压30次后，需立刻进行2次人工通气。能否正确快速打开气道决定通气能否有效进行。主要手法如下：

　　（1）**清除口腔异物：** 将伤者头部偏向一侧，施救者用手指清除伤者口腔内异物。

　　（2）**仰头提颏法：** 施救者站在或跪在患者一侧，一手食指、中指并拢抵在下颌骨的骨性部位，向上提起，避免压迫中间的软组织；另一手掌小指侧放在患者前额，并向下压；双手同时用力将头仰起。

　　（3）**托举下颌法：** 操作者位于患者头侧，双手放于患者头部两侧下颌角，双侧同时用力向上托起下颌，用双侧拇指把口唇分开，以开放气道。此手法常用于怀疑颈椎骨折的伤者。

　　6. **人工呼吸**

　　（1）**口对口人工呼吸：** 最为常用。开放气道后，捏住伤者鼻孔，口对口匀速吹入空气，持续时间1秒钟，吹气时注视患者胸廓，见到患者胸廓隆起即可。松开鼻孔，患者自然呼气，胸廓恢复，说明通气有效。停顿1秒钟后再次吹气，然后立即进行下一轮胸外按压。

（2）**口对鼻人工呼吸**：当伤者口腔不能充分打开时，托住伤者下颌使口腔完全闭合，然后用口包裹伤者鼻部进行通气，见到伤者胸廓起伏即可，停顿1秒后再次通气。

（3）**注意事项**：吹起要均匀缓慢，即可保证充分通气，又能够避免气体经食管进入胃。通气量不可过大，否则不但影响静脉回流，还可导致气体进入食管。

7. **电除颤**　如果能够获取自动体外除颤器，则按照除颤器提示进行操作。在充电期间，施救者可以继续进行心肺复苏。当除颤器提示充电完成后，必须确保所有人离开患者后方可除颤。

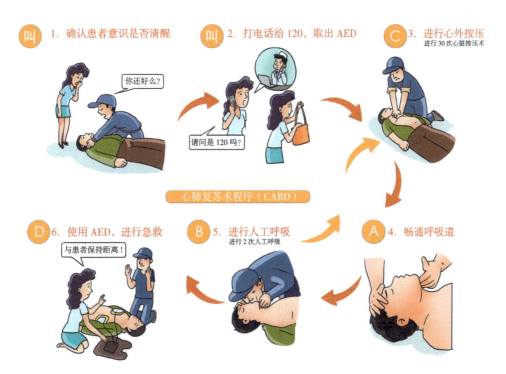

图 1-3-2　成人心肺复苏流程

（二）特殊类型的心肺复苏

在各种交通环境中，难免有各个年龄段、各种身体条件的乘客发生心搏骤停。因此，大家掌握一些特殊情况下的心肺复苏技巧，将有助于提高抢救的成功率。

1. **婴儿心肺复苏**　心肺复苏时，施救者将食指与中指或中指和无名指并拢，定位于双侧乳头连线中点下一横指，深度为胸部前后径的 1/3（约 4 厘米）。人工呼吸时，施救者可用口将婴儿的口鼻完全包裹后进行吹气，其余操作与成人无异。

2. **儿童心肺复苏**　总体流程、按压部位与频率、通气与成人无异，区别仅在于按压的深度，儿童按压深度为胸部前后径的 1/3。

3. **溺水患者心肺复苏**

（1）溺水者救上岸后应首先清除口鼻内的水草、泥沙等污物。

（2）将溺水者俯卧位，头部朝下按压背部，促进液体排出。

（3）如溺水者意识丧失，则立即开始心肺复苏。

（4）溺水者往往体温下降，机体代谢率降低，可将心肺复苏时间适当延长，以期恢复自主呼吸心跳。

4. **孕妇的心肺复苏**　针对肉眼可见腹部增大的妊娠患者，在心肺复苏时可将子宫向左侧推移，或将患者置于斜面上进行心肺复苏，缓解下腔静脉压迫。

二、常用创伤急救技术

（一）常用止血技术

交通事故容易导致外伤出血，常危及生命。伤后大出血是伤员早期死亡的重要原因。因此，即使对非医学背景的普通大众，掌握一定的止血技术，也可挽救自己或他人的生命。

1. 如何判断血液来源

（1）**动脉出血**：动脉血颜色鲜红、压力高、流速快，出血时往往呈喷射状，出血量大，短时间内即可危及生命，最为危险。

（2）**静脉出血**：静脉血颜色暗红、压力低、流速较慢，出血时往往呈缓慢涌出，出血量不如动脉，但不予处置仍可危及生命。

（3）**毛细血管出血**：出血速度慢，出血时呈缓慢渗出，多可自行止血。

2. 止血方法

（1）**指压止血**：针对较小的出血，可采用指压止血法。此法最为简单易行，无须借助任何工具。适用于表浅部位动、静脉出血和毛细血管出血。动脉出血时，需按压出血部位或靠近心脏一端；静脉出血时，需按压出血部位或远离心脏的一端（表1-3-1，图1-3-3）。如创口较大较深，可使用干净布料填塞用力按压，切不可使用卫生纸等易碎物品。

表 1-3-1　体表重要动脉止血按压部位和止血区域

部位	按压部位	止血区域
头部止血	外耳道前方、颧弓后端	耳道上方和头顶部
	咬肌前缘下颌骨下缘处	眼部下方的面部
	甲状软骨下缘侧方颈动脉	一侧头部
上肢止血	锁骨上窝中点向下按压	肩部和上肢
	肱二头肌内侧搏动处	压迫点以下上肢
	手腕上方外侧搏动处	手部
	腕横纹处两侧同时按压	手部
	手指两侧同时按压	手指
下肢止血	腹股沟中点搏动处	下肢止血
	膝关节后方凹陷搏动处	小腿及足部
	踝关节足背侧中央搏动处	足部
	足趾两侧同时按压	足趾

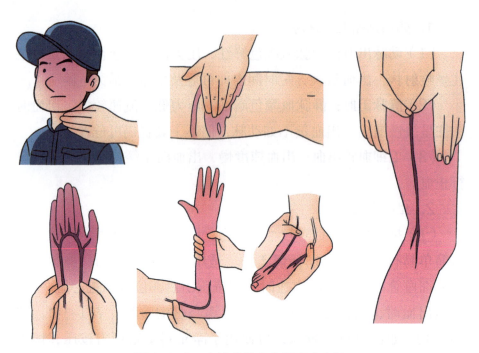

图 1-3-3　表浅血管出血指压止血法

（2）**止血带止血**：在出血部位靠近心脏的一侧，使用止血带中断血流，达到止血目的，适用于事故中发生肢体离断的伤员。

1）位置选择：上肢出血定位于上臂中上 1/3 交界处，下肢出血定位于大腿中部。

2）橡皮止血带：常用的橡皮止血带长度约为 3 尺。止血方法：固定手用虎口拿住止血带较短一端，掌心向上；另一手拉紧橡皮管缠绕肢体两圈，缠绕过程中可用固定手大拇指钳住橡皮管以免松垮；固定手的食指和中指夹住止血带末端，顺着患肢向下拉出止血带并避开伤口形成活结；记录止血时间。

3）绞紧止血法：采用三角巾折叠形成止血带，加垫敷料后避开伤口打一活结；取一根硬棒穿过三角巾并在三角巾外侧旋转绞紧，以伤口刚好停止出血为准；将硬棒另一端插入活结环内并拉紧活结，再次打结固定硬棒；记录止血时间。如无法获得三角巾，可采用布条代替。

4）止血带止血注意事项：松紧程度以刚好不出血为准；宽度小于3厘米等绳索、电线会损伤软组织，不可用做止血带；止血后，务必记录止血开始时间，以免止血时间过长导致肢体缺血坏死；每隔60分钟，放松止血带1～3分钟，以创面开始渗血为宜，观察末梢循环情况；加止血带时，止血带下方必须加垫柔软的纱布、衣物，以免造成软组织损伤。如无法获得止血带，可采用皮带、布条等柔软物品代替，切不可使用铁丝、电线等坚硬物品。

（二）常用包扎技术

包扎是对创伤患者现场应急处理的重要措施，具有止血、保护伤口、防止污染、固定内部敷料等作用。包扎时，首选材料为医用无菌纱布。但在事故现场，应就地取材，尽可能选择干净清洁的辅料接触伤口，以免造成感染。包扎过程要动作轻巧、准确，伤口包扎严密牢固、松紧适宜。

1. 头部包扎

（1）帽式包扎：首先在伤口处加垫敷料，然后以三角巾底边正中针对患者双眉正中上部；将顶角经伤口拉向头部后方，抓住三角巾底边两角压住顶角在头部后方打结固定。

（2）双眼包扎：适用于单、双眼外伤。首先加垫敷料，将三角巾折叠约3指宽，中间正对后枕部，沿耳上在双眼前交叉，后沿耳下拉回至头部后方打结固定。单眼受伤时同样采取此法包扎，以免健侧眼活动加重患眼损伤。

2. 颈部包扎　适用于一侧颈部外伤。三角巾折叠成带状，伤口加垫敷料，健侧手臂抱头，在健侧手臂根部打结。

3. **胸/背部包扎** 加垫敷料，三角巾顶角正对患侧肩部，底边中点正对伤口下方，将三个顶角拉至后背打结，适用于单侧胸壁外伤。如为双侧胸壁或背部外伤，仍按此法处置。

4. **腹部包扎** 加垫敷料后，三角巾底边两角经躯干侧方、顶角经会阴拉至腰部打结。如有肠管外溢，不可将其塞回腹腔，可采用塑料薄膜等能够保湿的物品将其覆盖，用碗、塑料盒等物品保护后包扎。

5. **四肢包扎**

（1）**螺旋包扎法**：适用于四肢非关节部位包扎。首先伤口加垫敷料，用绷带由远向近缠绕，每次缠绕压住一半绷带宽度，直至完全覆盖伤口。加压力度以刚好止血为宜。如有骨折外露，应直接包扎，不可将骨折端回纳。

（2）**"8"字包扎法**：适用于四肢关节创伤包扎。首先敷料覆盖伤口，然后沿关节走行来回缠绕，形似"8"字。

（3）**回返包扎法**：适用于四肢断端包扎。首先伤口加垫敷料，执绷带来回反折逐渐覆盖伤口，最后在肢体断端环形缠绕绷带固定。同时将断端肢体敷料包裹后放入干净塑料袋密封，放入冰盒保存。

（三）骨折固定

骨折急救，要以止血、包扎、固定、转运的顺序为原则。骨折固定的目的是防止搬运过程中骨折断端移位进一步损伤周围的血管、神经、软组织，缓解伤者疼痛。骨折的特有体征为局部剧痛肿胀、畸形、反常活动、骨擦音、骨擦感。

1. **固定材料** 常用的固定材料有敷料、木质夹板、塑料夹板、绷带等，如无法获取骨折专用固定材料，可采用坚实的树枝、木棍、硬纸板等代替，长度需横跨两个关节。

2. 固定方法

（1）**颈部固定**：使伤者平卧，颈部两侧放置坚实物体，防止头部移动。

（2）**上臂固定**：将患肢紧贴胸壁，患肢加垫辅料后于外侧放置夹板，分别在骨折处两端打结固定，然后将上臂固定在胸壁上，前臂悬吊固定（图1-3-4）。

（3）**前臂固定**：取两条夹板，分别置于前臂掌侧和背侧，关节处加垫敷料后，分别在骨折端两侧结扎，最后悬吊于胸前。如出现前臂剧痛、末端苍白发冷，立刻解开固定物。

（4）**大腿固定**：将大腿内外两侧分别放置夹板，外侧从踝关节至腋窝，内侧从踝关节至会阴部，在骨折端两侧分别结扎固定。如无固定物，可将患肢固定于健侧，并将双足固定在一起防止移位。

（5）**小腿固定**：小腿内外两侧分别放置夹板，长度横跨膝关节与踝关节，分别在骨折端两侧固定。如无固定物，亦可将患肢固定于健侧。

（6）**注意事项**：骨折固定时，应首先固定骨折近端，再固定骨折远端，并暴露肢体末端，一边观察血流。如有伤口出血，应先包扎，再固定。

图1-3-4 常用固定法

（四）伤员转运

伤员转运，可根据其受伤情况选择转运方式，如自行行走、单人搀扶、背负法、拖行法、爬行法、双人搬运等方式。转运过程中，施救者应注意保护伤员的受伤部位，避免造成二次损伤。原则上病情不明时，尽量不移动患者，除非患者处于更大的危险之中。

当怀疑患者存在脊柱骨折时，则禁止应用上述方法，而应使用硬质平板协助转运，并请多人协助，避免脊柱弯曲，一般需4人（图1-3-5）。具体操作方式如下：

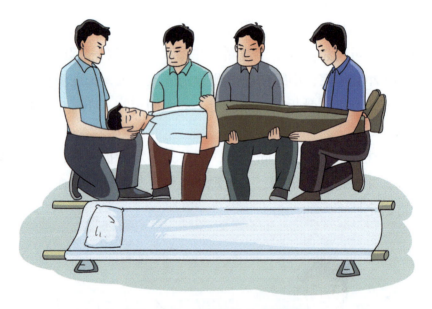

图1-3-5　脊柱损伤伤者搬运法

1. 一人在患者头部，双手固定于患者头部，或双手固定肩部，两前臂夹住患者头部防止移动。

2. 另外三人位于患者一侧，患者前臂交叉，三人分别从肩背部、腰臀部、下肢将患者施力搬起。

3. 由头侧施救者指挥，一同用力将患者抬起，转移至硬质平面。

4. 将患者固定在转运平面上。

5. 抬担架时，患者头部在后，以便观察患者病情变化。

（徐军）

第四节 重大交通事故应急救援一般原则与管理

一、重大交通事故的应急救援原则

交通事故具有突发性、多发性和复杂性的特点，常常后果严重，对人们生命健康危害巨大。积极有效的应急救援才能将其危害降到最低。重大交通事故的应急救援应遵循以下原则。

（一）人道救援原则

以人为本、尊重生命、敬畏生命、生命平等。施救者需要心怀人道主义精神，救援应符合红十字国际委员会（International Committee of the Red Cross，ICRC）原则，利用一切可利用的条件挽救患者生命，无论性别、年龄、种族、国籍差异。

（二）快速响应原则

创伤开始至伤后 1 小时以内的时间，被称为"黄金 1 小时"。黄金 1 小时是以院前、院内抢救的连续性为基础，是提高生存率的最佳时间。交通事故救援过程中，时间就是生命。快速启动应急反应系统、快速处置、快速转送，决定了能否降低患者死亡率。

（三）自救互救原则

自救与互救指的是负伤人员自己和同行人员间相互进行的救护。事故发生后，尤其是在外部救援力量无法抵达或不能及时抵达事故现场时，及时进行自救互救是挽救伤员生命的重要法宝。中华医学会灾难医学分会主任委员刘中民教授曾经提出灾难医学救援的"三七理念"，包括"三分救援、七分自救"，可见事故现场自救互救的重要性。

（四）区域自救原则

事故发生后，应及时组织协调本区域救援力量前往营救。当发生重大交通事故，或者危化品泄漏无法处理时，应及时求救其他区域支援。

（五）科学救援原则

交通事故救援需要较强的专业知识与技能，救援人员应量力而行，不可莽撞行事。救援人员只有掌握足够的救援知识与技能，才能够安全、高效地进行搜救与救援，同时避免给伤员造成二次伤害。

二、重大交通事故现场救援的实施

（一）现场安全评估

施救者首先保障自身安全，是高效营救伤员的前提。因此，快速、充分的现场评估就显得尤为重要，以免使自身从施救者转变为被救者，增加救援难度与复杂性。

救援人员到达现场后，应首先设置警示牌，必要时实施道路封闭管理，确保救援工作顺利进行。救援人员可通过电话、视频等方式与报警人联络，在抵达现场之前，便开始现场评估工作，快速收集事故地点、事故类型、伤亡人数、有无危险化学物质、有无放射性物质等信息。救援人员到达现场，快速评估现场情况，根据现场情况做好个人防护，必要时请求外部支援。

（二）确定伤员总数

确定伤员总数，如伤员总数超出救援团队可以安全有效处置的能力范围，则需要快速请求支援。救援人员应仔细评估现场，而不应把目光局限在事故车辆。如现场伤员均丧失意识且无目击者时，则需要安排其他救援人员在事故现场附近区域仔细搜寻有无其他伤员。

（三）判断受伤机制与类型

交通事故中的创伤主要由于状态急剧变化导致能量转移造成机体的损伤。车辆高速行驶由于撞击突然静止，或者静置的车辆由于撞击突然加速，根据能量守恒定律，动能与伤员机体质量成正比，而与其速度的平方成正比。因此，伤员身体质量越大，速度越快，损伤越重。根据受力机制，交通事故中损伤主要包括以下几种类型：钝性损伤、穿透伤、烧伤与爆炸伤、淹溺、高处坠落伤、有毒气体吸入中毒等。

（四）检伤分类与处置

检伤分类、分级救治，其目的是优化医疗资源配置，尽量减少可预防的死亡事件。为此，救援人员须按照先活后死、先重后轻的顺序，专注于处置有挽救机会的重症伤员，保障重伤人员得到及时救治，将事故伤害降到最低。在各种创伤中，大量肢体出血、气道梗阻、张力性气胸为院前可预防的三种主要致死原因。

1. **适合普通大众的创伤评估** 普通大众可采取 XABC 法评估，X 代表大出血、A 代表气道、B 代表呼吸、C 代表循环，根据评估结果给予相应处置，如止血包扎、通常畅通呼吸道或心肺复苏。

2. **专业急救人员的创伤评估** 专业急救人员根据其掌握的创伤评估工具进行评估，如美国疾病控制与预防中心的《受伤患者实地分类指南》，并采取检伤分类登记卡做好记录，根据评估结果给予相应处置。此外，如伤亡人数众多，可在现场设置红色、黄色、绿色、黑色帐篷作为相应患者的处置区域。

红色——优先救治。需要立即进行生命支持，如休克，严重颅脑损伤。

黄色——延后救治。不需要立即进行生命支持。

绿色——等待救治。最低级别的护理或不需要医学治疗。

黑色——死亡人员。

（五）伤员转送

现场处置后的转运工作是建立在伤员检伤分类基础上进行的。在重大交通事故救援过程中，需要指挥中心进行总体规划、协调，分级转运。根据交通条件不同，可采取陆路转运、水路转运或空中转运等方式，将不同级别伤员转送至各级创伤中心，尽可能降低死亡率与致残率。转运途中，院前医务人员提前告知接收单位伤员数量、伤员类型、送达时间等信息，动态监护患者伤情并书写病例，与院内医生做好交接工作，最后向指挥中心报告。

三、疫情常态化防控下的救援管理

自新冠感染疫情发生肆虐以来，国家一直以全方位实施"外防输入、内防反弹"的防控工作战略，疫情常态化防控对交通事故救援工作提出更高的要求。作为普通大众，疫情防控下的救援，我们需要知晓什么？

（一）了解疫情常态化防控下救援管理体系

1. **指挥体系**　地方各级政府严格执行属地负责制，完善地方传染病防治和救灾工作指导体制，进一步明晰地方政府部门职能与分工。建设指挥系统启动机制、内部信息报告机制、外部交流与联系机制、应急演练机制、城市支援机制等新体制。指挥系统24小时连续运行，由地方党政主要负责同志统一指挥。

2. **信息安全保障体系**　借助现有的信息系统平台或独立建立紧急处理信息系统平台，横向集成全国各部门疫情及有关数据，纵向贯通国家信息安全网络平台，增强监控预警的能力。融合大数据分析、流行病学研究、密切接触者信息管理、患者转运与治疗等现代信息技术，完成了传染病防治工作与信息系统的双闭环管理。并逐步完善平台功能应用，为传染病风险研判、防治对策制订与资源统筹调度提供了保障。此外，为了救援团队快速抵达，应根据道路交通情况，提前规划救援路线。

3. **疫情监测预警体系**　疫情发生后，应立即上报主管部门，以传染病监测系统与其他职能部门（如地面交通、航空、水运）监测系统结合为原则，结合大数据分析，开展事故中高风险人群、监测。对确诊病例、无症状感染者、聚集性疫情及时上报预警。

4. **物资储备应急体系**　事故救援相关的各个部门，应成立新冠肺炎工作小组，常备新型冠状病毒肺炎防护物资，如防护服、N95口罩、眼罩、面屏等装备，同时做好定期穿脱防护服流程培训演练。

（二）疫情常态防控下的救援处置

1. **控制病毒传播** 事件发生后，迅速启用紧急指挥系统，医-警联动，对事故地点依法依规实施交通管控，对确诊/可疑患者集中隔离，进行流行病学调查溯源的管理工作，并管理接触者。

2. **院前管理** 一旦发生的车祸中出现疑似患者时，将配置专用负压转运救护车于规定时间内运送至定点的医疗机构以及集中隔离地点，在运输过程中应严密履行个人保护和车辆消毒等安全措施。

3. **隔离管理** 合理设置集中隔离点，严格按"三区二通道"的规范设置和规范管理，单人单间。合理配置工作人员和医护，严格执行外部封闭式管理、对内规范管理、净化消毒和垃圾处理、环境监测消毒等管理措施，并提供业务保障和心理帮助。隔离场所的工作人员严格进行个人保护、卫生监督和定期核酸检测。居家医学观察应当在社区医务人员指挥下实施，独立居所或单间住宿，日用品个人使用，尽量避免和其他家庭来往，医学观察期内禁止个人出游。

4. **环境消毒监督管理** 由各级地方联防联控机制负责组织对事故现场开展消毒工作。为患者和无症状感染者所乘运输工具、或在运输途中对可能污染的环境和物质进行了全面消毒。

5. **健康管理** 建立受传染病影响的群体心理健康干预方案，提供线上线下各种心理健康咨询服务资源，并建立健全的传染病防治心理健康干预队伍。发生大聚集性传染病时，加强了心理科普宣教力度，并组织精神卫生医生与心理专科技术人员对已确诊患者及亲属、隔离管理人员、传染病防治工作一线人员等进行了针对性的心理干预。

6. **传染病信息公布** 事件发生后，当地职能部门应当及时公布权威消息，而疫情消息则将以网上直报数据为准，且不能最晚于次日举行媒体发布会，从而形成了每日的定期性媒体发布会制度。组织各领域的专家，通过接受新闻媒体专访等形式解疑释惑、传播科普防护知识，并进行研究回应社会热点课题。

四、重大交通事故的社会舆情应对

（一）何谓社会舆情

社会舆情是就某些突发社会事件形成的一种广泛讨论，反映民众对社会、经济、政治的态度。突发公共事件关乎较大数量民众的切身利益与价值追求，具有复杂性和强影响力，容易形成社会舆情。今天，我们说社会舆情治理，很大程度上指向了网络舆情。

（二）社会舆情如何产生

社会舆情形成于对某一目标社会事件发生发展过程的客观记录和真实描述，在传播过程中掺入了传播者个人的主观价值偏好，因而可能会发生变形甚至扭曲，并在社会公众中引发舆情、扩展社会效应的过程。

（三）社会舆情的特点

1. 传播速度快、范围广，热度和烈度逐渐攀升。
2. 真假难辨，极易错过最佳的治理时机。
3. 破坏性强、危害严重。
4. 传播渠道开放多元，新媒体占比超过六成。
5. 影响力持久，真相衰退。

（四）舆情事件危害

1. 瓦解政府的公信力，增加社会舆情的治理难度。

2. 危及个人信息安全，侵蚀私人领域的生活空间。

3. 触动社会公众敏感神经，加剧公共生活空间的动荡不安。

4. 冲击主流媒体信息的正常发布，消解社会共识的整合凝聚。

（五）舆情事件的应对

舆情治理是防止突发公共事件次生危害、保障社会稳定的重要一环。党的十九届四中全会审议通过的《中共中央关于坚持和完善中国特色社会主义制度、推进国家治理体系和治理能力现代化若干重大问题的决定》强调，舆情治理的现代化就是一项重要任务，是集聚社会性、公共性、政治性的治理。

删除信息的方式并不是好的办法，因为不仅不能彻底平息舆情，这种不确定性反而容易激发新的舆情风险。社会舆情的治理与防控，必须在政府主导，社会各方力量协作的前提下，充分利用互联网信息技术，结合大数据分析，加强社会舆情的精准监测与理性研判，寻求社会心理、民生关切与政府决策的最佳契合点，以维护社会舆论与社会治理的良性互动。

1. 强调政府权威部门的作用，把握信息主动权。健全多元化主体联动、网格化的协同治理机制。政府权威部门及权威媒体应及时深入事故现场调查，利用互联网通信技术，实时发布调查结果，将不实信息扼杀于摇篮之中，是应对网络舆情最有效的武器。习近平总书记指出，要根据事实来描述事实，既准确报道个别事实，又从宏观上把握和反映事件或事物的全貌。舆论监督和正面宣传是统一的。新闻媒体要直面工作中存在的问题，直面社会丑恶现象，激浊扬清、针砭时弊，同时发表批评性报道要事实准确、分析客观。

2. 推进法治社会与道德约束协同治理，构建中国网络舆情治理的法治化体系建设。社会舆情，在某种程度上反映着人民的诉求,但公众又普遍缺乏理性独立思考能力。法律应倾听民众的声音,同时也要超越民众的偏见。针对社会舆情,习近平总书记指出,形成良好网上舆论氛围,不是说只能有一个声音、一个调子,而是说不能搬弄是非、颠倒黑白、造谣生事、违法犯罪,不能超越了宪法法律界限。

3. 增强舆情信息的监测分析能力。舆情信息在互联网传播过程中,以近乎指数形式增长。因此,推进大数据技术在社会舆情治理的应用,可根据重大事件的时间节点、关键词汇建立筛查机制,对微博、微信等主流通信媒介,特别是其中一些有影响力的账户,进行实时监控,精准预判,将舆情事件扼杀在萌芽状态。2018年8月,中国互联网联合辟谣平台整合全国40余家辟谣平台3万余条数据,构建了对网络谣言"联动发现、联动处置、联动辟谣"的工作模式,实现对网络谣言"清存量、控增量、断传播"。

4. 突出主流价值观的积极作用,促进舆情的良性治理。网络信息的发布者和传播者在信息获取、信息传播时,都难以避免受其价值观影响。因此,防治社会舆情带来的负面影响,引导、培育信息发布者和传播者的社会主义核心价值观,提升其道德修养,促使其严格遵守职业道德,使其成为营造良好的社会环境的引路人。

5. 明确个人言论自由边界。互联网使得原本熟人社会道德约束力下降,一些人便无所顾忌地发表自己的观点,宣泄在现实中无法表达的情绪,或者有意歪曲事实。对于社会公民来说,言论内容应以事实为依据,以道德为底线,以法律为准绳,自觉做谣言的抵制者和和谐社会的维护者。

(洪广亮)

第二章

公路与铁路交通运输职业安全与防护

第一节 公路交通事故伤员特征

公路交通事故是指车辆在公路上因过错或者意外造成的人身伤亡和财产损失的事件。公路交通事故伤害是我国重要的公共卫生问题，据国家统计局数据，2018—2020 年，我国年均发生交通事故 24.58 万起，受伤人数 25.57 万人，死亡人数 6.26 万人，死亡率 24.52%，直接财产损失 13.48 亿元。随着我国公路交通事业的迅猛发展和机动车保有量的持续增加，近年来交通事故伤呈明显上升趋势，公路交通安全显得越来越重要。

一、公路交通事故的原因

公路交通事故原因主要包含人、车、道路和自然环境四方面的原因，其中人为因素占 93%～95%，位居首位。而人为因素中，驾驶员行为不当是导致事故发生的主要原因。在高速公路事故中，驾驶者超速驾驶、疲劳驾驶为事故发生的主要因素，事故形态以追尾碰撞为主；在农村公路，驾驶员超速、违规超车、不按车道行驶是事故发生的主要因素。车辆因素主要包括高速车辆爆胎、车辆制动系统故障。道路因素主要为道路线形组合不良，急弯、连续急弯、陡坡、连续下坡等地方是事故频发地方。自然环境因素中以天气因素为主，但据相关统计数据提示，雨雪天、雾天等是事故发生的危险因素。

二、公路交通事故伤害分类

1. **撞击伤** 由于机动车或非机动车与人体相撞导致的损伤，多为钝性损伤和闭合性损伤。

2. **碾压伤** 由于车辆碾压、挤压人体造成的伤害，可导致严重的组织撕脱、骨折、肢体离断等损伤。

3. **摔跌伤** 交通事故中致人体的二次创伤，人体在机动车的作用下被抛出，摔落于地面而形成的创伤，受伤部位取决于身体着地部位，但以头部着地多见，常引起颅脑创伤。由于伴随着机动车传递给人体的强大能量，所以伤情较重。

4. **挤压伤** 人体肌肉丰富的部位，在受到重物挤压一段时间后，筋膜间隙内肌肉缺血、变性、坏死，组织间隙出血、水肿，筋膜腔内压力升高，因此造成以肌肉坏死为主的软组织损伤。

5. **挥鞭伤** 指人在撞车或被追尾时，因颈部过度后伸或过度前屈产生的创伤，常造成脊椎和脊髓的损伤。

6. **切割刺入伤** 由于锐利的物体对人体组织的切割或刺入造成的创伤，可造成内脏、血管、神经等创伤。

7. **烧伤** 由于热、电、化学等因素对人体造成的损伤。车辆燃烧产生的有毒烟雾还可造成中毒。

8. **爆炸伤** 由于车辆起火爆炸引发的对人体的损伤，主要是冲击波和继发投射物造成的损伤。

9. **溺水** 由于车辆翻车坠至河水里、池塘、湖里，人员落水造成的溺水。

三、公路交通事故伤员分类

（一）汽车驾驶员及乘员

1. **驾驶员** 汽车正面碰撞时，人体和车辆突然减速，驾驶员容易与车内物体碰撞，常造成头、胸、腹和四肢创伤。其中，胸部撞击方向盘造成的胸部外伤是导致驾驶员死亡的重要原因。此外，颈部过度屈曲，可引起颈部组织挥鞭伤；安全带过度牵拉，导致脊柱损伤和腹部损伤。汽车尾部碰撞时，驾驶员身体突然加速，颅脑因惯性作用极度后抑拉伸，引起颈部挥鞭伤，甚至颅骨水平旋转和过度移位，导致寰枕关节脱位而死亡。汽车侧面碰撞时，驾驶人受侧方加速力作用与驾驶室侧壁碰撞，常引起四肢和骨盆骨折，此类碰撞伤情相对较轻。

2. **副驾驶人员** 副驾驶人员伤情原理与驾驶员类似，由于驾驶员本能地避害，副驾驶员造成的伤害往往更重。

3. **后排的乘员** 正面碰撞时，后排乘员头部伤害最为严重。其次为安全带造成的腹部损伤。脊柱及下肢伤较少。

（二）摩托车驾驶员及乘员

1. **驾驶员** 摩托车驾驶员在交通事故中往往伤情较重，颅脑损伤、腹部损伤、四肢骨折较为多见，因其距离碰撞点较乘车人近，故受伤概率和严重程度常高于乘车人。乘车人因后排座位无固定物，发生碰撞时常会被抛至距两车碰撞点远处，发生严重的摔跌伤，以颅脑损伤最常见。

2. **致死伤** 因摩托车的驾乘员在交通事故中多合并多发伤，伤情重，致死致残率高。颅脑损伤是导致死亡的最主要因素；颌面部损伤，因上气道肿胀的软组织、口腔积血、呕吐物，易导致窒息死亡；腹腔出血引起失血性休克致死亡；空腔脏器破裂导致的腹腔感染，引起感染性休克、多器官功能衰竭也导致后期的院内死亡。

（三）骑自行车人

1. **自行车互撞** 主要是发生摔伤，如擦伤、皮下出血、骨折，四肢伤常见，其次为头部、胸部的损伤。

2. **与汽车相撞** 与汽车相撞是自行车事故中最主要事故形态。一个模拟市区轿车与自行车人横闯红灯发生碰撞的仿真实验，其伤情结果具有代表性：自行车以 10 千米/小时由东向西行驶，轿车以 60 千米/小时由北向南行驶，在十字路口自行车与轿车左前角发生碰撞，结果显示骑车人下肢创伤较重，其中小腿骨折和膝关节韧带损伤最常见，可能发生较轻的颅脑创伤和胸部创伤。当然，骑自行车人的伤情与汽车行进速度和事故形态密切相关。

（四）行人

据国家统计局数据，2018—2020 年，我国年均交通事故行人受伤 2 253 人，年均死亡人数 1 370 人，死亡率高达 61%，可见行人在交通事故中伤情往往较重，死亡率高。行人损伤类型分为：直接撞击伤、摔跌伤及碾压伤。

1. **直接撞击伤** 直接撞击伤是道路交通事故行人损伤最常见的类型，其伤情取决于行人身高和车辆类型。小型轿车直接撞击人体时，最常见为下肢骨折；大货车保险杠较高，可导致骨盆和腹部损伤。儿童由于身高关系，撞击部位常发生在头、胸部，伤情严重。公交车多为平头车，撞击人体后，车与人体接触面大，常引起肢体、腹部、胸部和颅脑的复合性损伤。

2. **摔跌伤** 摔跌伤是人与机动车直接碰撞后，人体被抛出，与周围物体、地面，甚至别的车体再次相撞出现的损伤，常导致严重的头部外伤和脑内出血，是导致死亡的主要原因，占死亡总数的37%～70%。

3. **碾压伤** 碾压伤是机动车轮碾过人体的一种严重损伤，如碾压头部和胸腹部，常导致现场死亡。

四、公路交通事故致死因素

（一）造成人员死亡的主要事故类型

车辆互碰、剐撞行人和翻车等是公路交通事故造成人员死亡的主要事故类型，其中，车辆互碰和坠车也是造成群死群伤的主要类型。高速公路以尾随碰撞为主，死亡比例达52.3%。其他公路以正面碰撞和侧面碰撞为主，死亡比例分别为27.4%～30.5%和21.1%～33.3%。剐撞行人和翻车事故在各级公路上均出现，死亡比重分别为4.7%～7.0%和7.8%～13.0%。翻车事故还随公路等级的降低而增多，碾压和坠车事故则在三级以下公路上较多。

（二）现场死亡的主要因素

1. **窒息** 颅脑外伤引起的意识不清、颌面部创伤与口腔积血、呕吐物等引起上呼吸道梗阻；严重多发肋骨骨折引起的连枷胸等，均需现场行气管插管或气管切开以开放气道，保证氧供，否则短时间内可造成窒息死亡。

2. **出血** 胸部创伤引起的血胸、腹腔脏器破裂出血、四肢损伤引起的动脉出血，如未得到及时救治，可能导致现场死亡。

五、普通公路交通伤特征

（一）电动车、摩托车等骑乘人员所占比例较高

2018—2020 年全国非机动车和摩托车年均发生交通事故 73 955 起，占全部交通事故 30%，年均死亡人数 14 696 人，年均直接财产损失 1.7 亿元。随着我国电动车持有量的持续增加，加之电动车持有者未经相关交通知识培训，电动车导致的交通事故呈现逐年上升的趋势。全国电动车相关的交通事故，从 2012 年的 11 299 起升至 2020 年的 26 969 起，电动车相关事故占城市交通公路事故的绝大多数。

（二）轻、中度伤所占比例高

普通公路交通伤中行人、非机动车驾乘人员是"交通弱势群体"，伤情主要为撞击部位的直接损伤和摔跌伤，因车辆速度不快，传递给伤员的动能相对较低，发生重型多发伤的概率相对较低。在城市公路中非机动车驾乘人员在交通事故中大部分是四肢损伤为主。

（三）颅脑损伤是导致伤员死亡的主要病因

非机动车和行人被机动车直接撞击引起的跌伤是引起颅脑损伤的主要原因，颅脑创伤死亡人数占到了总死亡人数的 90% 以上。

六、高速公路交通伤特征

（一）多发伤占比高

高速公路交通伤事故形态以两车相撞为主，因伴随着机动车

的强大动能，常导致严重的多发伤，多发伤发生率占总数一半以上，部分患者呈烧伤合并多发伤，现场死亡人数占总死亡人数的 62.5%。

（二）重型颅脑损伤发生率高

常合并严重的颅脑损伤，在现场或转运途中因脑疝引起死亡。

（三）发生地点往往远离城市，及时救助难度大

高速交通事故发生点常离中心城市较远，需依托县级医院或农村救助站进行院前急救，"黄金 1 小时内"往往送不到合适的医疗机构进行治疗。院前急救是影响高速公路交通伤预后的重要因素，特别是危重的交通伤，院前急救是否合理，在有效时间内是否能到达适合救治水平的医院，直接决定伤者能否存活。

（四）死亡率高

高速公路交通伤患者因常合并多发伤，重型颅脑损伤，发生地点往往远离城市，及时救助难度大，因此死亡率明显高于普通公路交通伤，我国高速公路交通伤死亡率达 32.23%。

（许毅）

第二节　铁路（轨道）交通事故伤员特征

铁路（轨道）交通事故是指铁路（轨道）机车在运行过程中与行人、机动车、非机动车、牲畜及其他障碍物相撞，或者机车发生脱轨、火灾、爆炸等影响正常行车的事故。铁路（轨道）交通事故的数量要远远少于公路交通事故数量，但是其往往能造成更为严重的后果。

一、铁路（轨道）交通事故伤害分类

铁路（轨道）交通事故按其伤害机制可分为直接伤害、间接伤害和集群伤害三种。

直接伤害：因车轮碾压、车厢挤压、车辆附件钩挂拖拉、直接被撞击致伤等。

间接伤害：因跳车、抓攀列车脱手、躲避来车时跌倒致伤等。

集群伤害：因列车相撞、颠覆、火灾等导致群体伤。

铁路（轨道）交通事故伤害机制不同，其损伤严重程度及损伤部位及类型也有明显差异。

二、铁路（轨道）交通伤特征

（一）群伤、群死发生率高

车厢内的人员因列车碰撞和意外情况而突然停止运动时，头部的减速落后于躯干，因而易使头部与前方发生剧烈撞击致伤而引起颅脑外伤。其次为多发伤，列车发生事故会使人遭受多方面的暴力冲击，会伤害多个部位和脏器。如乘客多为坐位姿势，发生事故时

下肢易被座椅、卧具等硬物挤压，造成下肢骨折；胸部易顶撞于车厢内茶几上，导致肋骨骨折、血气胸等；如行李架未封闭，头颅易遭坠落的行李箱包等撞击，造成头部损伤及脑震荡。部分乘客违规携带易燃易爆品上火车或列车本身线路老化故障而发生火灾或爆炸时，引起车厢内温度急剧升高，产生大量的浓烟和有毒气体，造成烧伤、炸伤、中毒、窒息，甚至死亡。以上情况往往引起群伤群死，后果严重。

（二）重伤和危重伤比例高

铁路和公路的平交道口是事故的多发地区，由于机动车司机或行人和火车抢道，与驶过的列车相撞。因火车的强大动能，难以制动，常导致严重的撞击伤、碾压伤和摔跌伤。撞击伤和碾压伤常导致严重的颅脑外伤和多发伤。火车碾压造成的特殊损伤，碾压至头、胸、腹常导致当场死亡，碾压肢体，常导致肢体离断伤或肢体碾压性骨折。

（三）发生地点往往远离城市，及时救助难度大

铁路交通事故发生点常离中心城市较远，院前急救"时效性"不足，于"黄金1小时内"难以至合适的医疗机构进行抢救。

（四）死亡率和致残率高

铁路交通事故车厢外的交通事故伤，常合并严重的颅脑外伤和多发伤，死亡率极高；车厢内的群体烧伤、爆炸伤可引起现场或后期院内感染性休克等导致死亡。火车碾压伤，如碾压至肢体，肢体离断，后期经治疗后常合并残疾。

（许毅）

第三节 公路与铁路交通事故常见急症的识别与紧急处置

一、颅脑外伤的识别和紧急处置

（一）颅脑外伤的概念

颅脑外伤指发生于头颅部的外伤，主要因交通事故、坠落、跌倒、火器等所致。可分为头皮损伤、颅骨骨折和颅内组织损伤三类或合并存在。颅脑外伤常同时伴有颈椎损伤。

（二）颅脑外伤的症状

1. **头皮损伤** 包括头皮血肿、头皮裂伤和头皮撕脱伤。

（1）**头皮血肿：**头皮富含血管，损伤后血管破裂可形成头皮血肿，可分为皮下血肿、帽状腱膜下血肿、骨膜下血肿。如何区分呢？皮下血肿比较局限，周边硬中心软；帽状腱膜下血肿范围广，可扩散至全头，触之较软，有波动感；骨膜下血肿张力较高，局限有波动感。

（2）**头皮裂伤：**锐器所致头皮裂伤，伤口创缘整齐，可深达骨膜，少数锐器可插入颅内。钝器造成头皮裂伤创缘有挫伤痕迹，常伴着力点颅骨骨折或脑损伤。

（3）**头皮撕脱伤：**是头皮损伤最严重的类型，往往因头发卷入高速转动的机器内所致。常为头皮全层撕脱，有时还连同部分骨膜，甚至部分额肌一起撕脱，伤后易出现失血性休克，危及生命。

2. **颅骨骨折** 颅骨骨折的症状因损伤部位及损伤程度不同表现不同：颅盖骨折多为线性骨折和凹陷性骨折，常伴有头皮损伤。

线性骨折和凹陷不深的凹陷性骨折表现类似边缘较硬的头皮下血肿。若伴随凹陷的骨折片下方局部脑组织受压或产生挫裂伤、颅内血肿时，则可出现相应病灶的神经功能障碍、颅内高压和癫痫。而颅底骨折的症状主要有耳、鼻出血或脑脊液漏（即红色或无色液体从耳鼻流出），以及眼睑和球结膜下淤血（俗称"熊猫眼"征）。

3. **脑损伤** 包括脑震荡和脑挫裂伤等。

（1）**脑震荡**：伤后立即出现短暂的意识不清，持续数秒至数分钟，一般不超过半小时，有时仅为瞬间意识混乱或恍惚，并无昏迷，意识恢复后对受伤当时和伤前近期的情况不能回忆，多有头痛、头晕、疲乏无力、耳鸣、心慌、情绪不稳、记忆力减退等症状。

（2）**脑挫裂伤**：临床表现可因损伤部位、程度不同而异。主要包括比脑震荡更明显的意识障碍，以及头痛、恶心、呕吐等症状。此外，严重的脑挫裂伤可出现脉搏变慢、呼吸深慢等情况，伤后可出现肢体瘫痪、失语等神经功能障碍。

4. **颅内血肿** 颅内血肿按部位可分为硬脑膜外血肿、硬脑膜下血肿和脑内血肿。症状包括：意识障碍，患者在昏迷前或中间清醒期常有头痛、恶心、呕吐等颅内高压症状，伴有呼吸、脉搏等生命体征改变。若血肿所致颅内高压达到一定程度，可形成脑疝，出现病侧瞳孔缩小、散大，甚至双侧瞳孔散大。可因伴发脑挫裂伤或血肿压迫出现偏瘫等表现。

5. **开放性颅脑创伤** 伤后同样可出现意识障碍，另外由于开放性颅脑损伤局部损伤较重，偏瘫、感觉障碍、失语、偏盲等脑局灶症状较多见，若伤及脑干、下丘脑等重要结构或广泛脑损伤时生命体征可出现明显变化，有些开放性脑损伤患者的伤口还可见脑脊液和脑组织外溢。

(三)颅脑外伤的评估

对颅脑创伤的患者进行院前急救,最先要做的事情便是评估,这是密切影响后续抢救方案的一项工作。

1. **格拉斯哥昏迷评分** 这是国际广泛运用的最为可信的指标,分别对患者的运动、语言、睁眼反应进行评分,将颅脑外伤分成三种类型:轻型13～15分,伤后昏迷时间＜20分钟;中型9～12分,伤后昏迷20分钟至6小时;重型3～8分,伤后昏迷时间＞6小时,或在伤后24小时内意识恶化并昏迷＞6小时。

2. **瞳孔** 包括患者瞳孔对光反射,是否对称以及瞳孔大小等,若瞳孔大小不一则可能是脑疝,瞳孔发生变化为结局不良的反应,需要抓紧救治。

(四)颅脑外伤的现场急救原则

1. **呼叫救护车** 使患者保持相对稳定状态,为其呼叫救护车并在旁守护,防止二次损伤。

2. **保持呼吸道通畅** 昏迷、外伤出血或呕吐物等都可能导致颅脑外伤患者误吸,呼吸道受阻甚至窒息。昏迷患者应取侧卧位,或仰卧头侧向一边,及时清除口、鼻内的血液、呕吐物或分泌物(图2-3-1)。

图2-3-1 昏迷伤者救治体位

3. **控制外伤出血** 对有头皮活动性出血的患者，可使用干净的毛巾等对伤口加压包扎，如有脑膨出时，注意保护。

4. **插入颅腔致伤物的处理** 对插入颅腔的致伤物，不可贸然撼动或拔出，以免引起新的损伤。

（五）注意事项

1. 颅脑外伤患者可能同时伴有颈椎损伤，患者处在昏迷状态时早期颈椎损伤又不易察觉，因此现场急救时需对患者颈部进行固定，减少二次损伤的可能（图 2-3-2）。

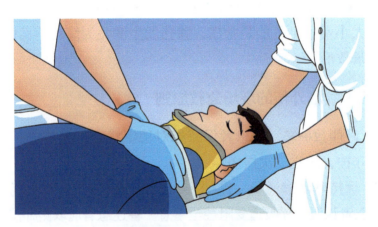

图 2-3-2　颈托固定

2. 对伤口进行包扎时需防止脑组织直接受压。

3. 如有耳鼻溢液等情况，怀疑脑脊液外漏，禁止填塞或冲洗，否则会使脑脊液回流，加大颅内感染的风险。

4. 若患者出现心跳呼吸骤停，及时进行 CPR 即心肺复苏术处理，具体见本书第一章相关内容。

（郑悦亮）

二、胸部外伤的识别和紧急处置

（一）胸部外伤的概念

胸部外伤由交通事故、高空坠落、碾压挤压伤、摔伤和锐器伤所致，包括胸部皮肤挫伤、裂伤、气管损伤、气胸、胸骨肋骨骨折、血胸、肺挫伤、食管损伤、心脏损伤、膈肌损伤、创伤性窒息等，常合并其他部位损伤。

（二）胸部外伤的症状

胸部外伤根据损伤暴力性质不同，可分为钝性伤和穿透伤；又可以根据损伤是否造成胸腔与外界相通，可分为开放伤和闭合伤。

（1）**钝性伤**：由减速性、挤压性、冲击性或撞击性暴力所致，力量常分布广泛，损伤机制复杂，主要表现为肋骨或胸骨骨折、肺挫伤、血气胸、严重者心血管损伤。爆震伤可使肺泡内压力突然升高造成肺泡破裂出血，撞击伤可造成支气管断裂、膈肌破裂。常合并其他多个部位损伤，伤后早期容易误诊或漏诊。

（2）**穿透伤**：常由枪伤、刃器或锐器引起，力量分布于小区域，损伤机制较清楚，损伤范围直接与伤道有关。刀刺可造成肋间肌肉、血管、肺、心脏受损，早期诊断较容易，器官组织裂伤所致的进行性出血是导致患者死亡的主要原因。

（三）胸部外伤的现场急救原则

1. 基础生命支持的原则

（1）**维持呼吸通畅**：及时清除口、鼻、气管内的血液、呕吐物或分泌物，给氧。

（2）**控制外出血、封闭胸腔和闭合伤口**：可使用干净的毛巾等对伤口加压包扎止血，同时封闭胸腔。

（3）**异物插入胸腔的处理**：对插入胸腔的异物，不可贸然移动或拔出，以免引起新的损伤。

（4）骨折固定、保护脊柱（尤其是颈椎），并迅速转运。

2. **现场施行特殊急救处理**　这些特殊救治措施由专业人员完成。张力性气胸需放置具有单向活瓣作用的胸腔穿刺针或闭式胸腔引流；开放性气胸需迅速包扎和封闭胸部伤口，安置上述穿刺针或引流管；对大面积胸壁软化的连枷胸有呼吸困难者，对连枷胸局部以软物进行固定，予以人工辅助呼吸。

（四）常见胸部外伤的处理

1. **肋骨骨折**

（1）**肋骨骨折的概念**：直接暴力或间接暴力作用于胸部时，可使肋骨弯曲折断，引起胸内脏器损伤。多根、多处肋骨骨折会使局部胸壁失去完整肋骨支撑，出现反常呼吸运动，即吸气时软化区胸壁凹陷，呼时外突，又称为连枷胸。

（2）**肋骨骨折的症状**：肋骨骨折断端可刺激肋间神经产生明显胸痛，且随咳嗽、深呼吸、身体转动等加重；胸痛及胸廓稳定性受破坏，使呼吸运动受限，咳嗽无力，排痰困难，引起肺实变、肺不张和肺部感染等情况；骨折断端移位可刺破胸膜、肋间血管，引起皮下血肿、皮下气肿、肺挫伤、血胸、气胸；多根多处肋骨骨折引起反常呼吸，使两侧胸腔压力不均衡，引起纵隔左右移动，称为纵隔摆动，造成循环功能紊乱。

（3）**肋骨骨折的现场急救原则**：包括有效止痛、清理呼吸道分泌物、固定胸廓、恢复胸壁功能和防治并发症。单纯性肋骨骨折的治疗原则是止痛、固定胸廓和预防肺部感染。如现场可获得止痛药，应给予止痛治疗。固定胸廓主要是为了减少骨折端活动和减轻疼痛，方法有：胸板或弹力胸带固定。连枷胸反常呼吸，可采用局部夹垫加压包扎、胸板固定等方法（图2-3-3）。严重者需手术治疗。开放性肋骨骨折应及早彻底清创治疗。胸膜破损者按开放性气胸处理。术后应予抗生素防治感染。

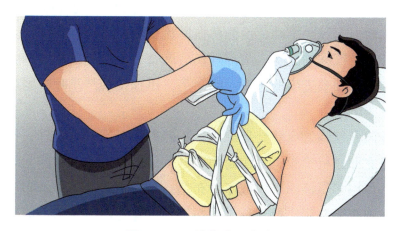

图 2-3-3　连枷胸固定法

2. **气胸**　气胸是指气体进入胸膜腔，造成胸膜腔积气。因胸壁或肺部创伤引起者称为创伤性气胸。气胸按胸膜腔压力又可分为闭合性气胸、开放性气胸及张力性气胸。

（1）**闭合性气胸**：创伤后少量空气（从肺内或胸膜外）进入胸膜腔，肺部或胸壁的伤口闭合，不再有气体漏到胸膜腔内，造成胸腔积气，称为闭合性气胸。

闭合性气胸的症状：肺压缩在20%以下者，多无明显症状。肺压缩大于50%，称为大量气胸，有胸闷、胸痛和气促症状，气管向健侧移位，伤侧胸部叩诊呈鼓音或过清音，听诊呼吸音减弱或消失。

闭合性气胸的现场急救原则：小量闭合性气胸可自行吸收，不需特别处理，但应注意观察其发展变化。大量气胸应行胸腔闭式引流。并尽快送往医院救治。

（2）开放性气胸：创伤造成胸壁缺损时，胸膜腔与外界大气直接相交通，空气可随呼吸自由进行胸膜腔，形成开放性气胸。开放性气胸时伤侧胸腔压力等于大气压，健侧胸膜腔仍为负压，低于伤侧，使纵隔向健侧移位，由于健侧胸腔压力仍可随呼吸周期而增减，从而引起纵隔摆动，使静脉血回流受阻，心排出量减少。

开放性气胸的症状：胸部外伤后胸壁有明显创口通入胸腔，可听到空气随呼吸进出的"嘶、嘶"声，迅速出现严重呼吸困难、发绀和血压下降。

开放性气胸的急救处理原则：一经发现必须紧急处理，根据现场情况立即进行抢救，尽快封闭胸壁创口，变开放性气胸为闭合性气胸。可用多层清洁布块或厚纱布垫。如有大块凡士林纱布或无菌塑料布则更为合用。要求封闭敷料够厚以避免漏气，但不能往创口内填塞；范围应超过创缘5厘米以上。转运途中如伤员呼吸困难加重，应在呼气时开放密闭敷料，排出高压气体后再封闭伤口。同时呼叫救护车，使患者保持相对稳定状态，为其呼叫救护车并在旁预防二次损伤。

（3）张力性气胸：张力性气胸指胸膜腔的漏气通道呈单向活瓣状，气体随呼吸进入胸膜腔并积累增多，导致胸膜腔压力大于大气压，又称高压性气胸。

张力性气胸的症状：严重或极度呼吸困难，端坐呼吸，烦躁，大汗淋漓。缺氧严重者出现口唇发乌、烦躁不安、神志不清甚至昏迷。

张力性气胸的现场急救原则：应立即胸膜腔穿刺排气，降低胸膜腔内压力。在紧急状况下，可用粗针头在伤侧第2肋间锁骨中线处刺入胸膜腔，有喷射状气体排出，即能收到排气减压效果。可在针头尾部缚扎一橡胶手指套或者安全套，将指套远端剪1厘米开口，起活瓣作用，使胸腔内气体易于排出，而外界空气不能进入胸腔。

（郑悦亮）

三、腹部外伤的识别和紧急处置

（一）腹部外伤的概念

腹部创伤是常见的严重创伤，占各种损伤的 0.4%～1.8%。腹部创伤的关键问题在于有无内脏器官的损伤及脏器损伤的数目和严重程度。如果只有单纯腹壁外伤，一般无生命威胁。如果伴有腹腔实质脏器或血管损伤，可因大出血失血性休克而导致死亡；空腔脏器受损伤破裂时，可因发生严重的腹腔感染而危及伤员的生命。因此，对腹部创伤的伤员应作到尽早诊断和及时治疗。腹部伤可分为开放伤和闭合伤两大类。

1. **开放伤**　多为利器或火器所致，根据腹膜是否贯穿又可分为穿透伤和非穿透伤两类。前者是指腹膜已经穿通，多数伴有腹腔内脏器损伤，后者是腹膜仍然完整，一般损伤程度较轻，发生腹腔内脏器损伤概率低。

2. **闭合伤**　由挤压、碰撞和跌打等钝性暴力原因所致，也可分为腹壁伤和腹腔内脏伤两类。因闭合性损伤体表无伤口，损伤机制复杂，要确定有无内脏损伤，有时非常困难。如果不能在早期确定内脏是否受损，很可能贻误手术时机而导致严重后果。

（二）腹部外伤的症状

腹部损伤后的临床表现可因伤情不同存在明显差异，包括无明显症状体征到失血性休克甚至濒死状态。单纯腹壁损伤一般症状较轻，而合并腹腔内脏器损伤时，常危及生命。

1. **全身情况** 单纯腹部损伤患者一般无明显全身情况。如果伤后出现意识障碍，应考虑到是否并发颅脑损伤。腹部损伤早期，由于剧烈疼痛可出现一过性脉率加快，血压可暂时升高等情况，如无内脏损伤，疼痛缓解后可恢复正常。如果存在内脏器官损伤，则随着出血量的增加、感染加重，脉搏变得细快，血压也随之下降，最后会出现休克等危及生命的情况。

2. **腹痛** 腹内脏器损伤患者一般都具有腹痛症状。实质性脏器损伤一般腹痛程度不剧烈，空腔脏器损伤往往腹痛更为剧烈，同时有典型的腹膜刺激征（腹肌紧张、"板状腹"）。早期伤员诉说疼痛最重的部位，常是脏器损伤的部位，对诊断很有帮助。

3. **腹胀、恶心呕吐** 空腔脏器损伤和内出血均可刺激腹膜，引起反射性恶心呕吐，晚期由于腹膜炎加重出现肠麻痹，易引起腹胀及呕吐症状，多为持续性。

4. **血尿和排尿困难** 肾损伤多为肉眼血尿，血尿的严重程度和肾脏损伤程度并不一致。膀胱破裂后尿液流入腹腔和膀胱周围，患者有尿意，但不能排尿或仅排出少量血尿。

（三）腹部外伤的现场急救原则

腹部创伤伤员的急救与其他脏器损伤的急救一样，要做到先救命后治病，树立整体观，应先检查有无立即威胁生命的情况存在，比如首先要确认是否有呼吸道阻塞的情况，维持呼吸道通畅，控制明显的外出血等。当发现腹部有伤口时，应立即予以包扎。对有内脏脱出者，不可直接回纳以免污染腹腔。可用急救包或无菌大块敷料严加遮盖，保护脱出脏器，注意防止受压，再在外面加以包扎固定（图2-3-4）。如果脱出的肠管因为伤口的卡压出现肠管缺血发紫，可将伤口扩大，将内脏送回腹腔，避免肠坏死。如果腹壁大块缺损，脱出脏器较多，在急救时应将内脏送回腹腔，并予无菌敷料覆盖以免因暴露而加重休克。现场急救处理后，在严密观察下，尽快转送医院。转运途中，要用衣物垫于膝后，以减轻腹壁张力，减轻伤员痛苦。

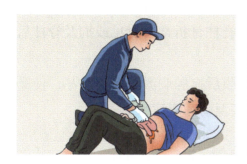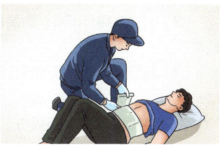

图 2-3-4　腹腔内脏脱出伤者的处理

（四）注意事项

1. 生命体征平稳并不能排除腹腔内脏器损伤。

2. 对疑有内脏伤者，应密切注意伤情变化，期间要注意：禁食，避免有胃肠道穿孔以免加重腹腔污染；不随便搬运伤者，以免加重病情。

（郑悦亮）

四、脊柱脊髓损伤的识别和紧急处置

（一）脊柱损伤的概念

脊柱损伤是由暴力所造成的颈椎、胸椎、腰椎以及附件所构成的结构的一种病理性损伤，能造成以上部位的疼痛、畸形、活动受限等表现，甚至造成四肢的瘫痪以及死亡等。

（二）脊柱损伤的症状

1. 单纯脊柱骨折

（1）**局部疼痛**：从上至下逐个按压或叩击棘突，如发现位于中线部位的局部肿胀和明显的局部压痛，提示脊柱已有损伤。

（2）**站立及翻身困难**：胸腰段脊柱骨折常可看见或扪及脊柱后凸畸形。

（3）**腹腔神经丛功能障碍**：腹膜后血肿刺激腹腔神经丛，使肠蠕动减慢，常出现腹痛、腹胀，甚至肠麻痹症状。

2. 合并脊髓和神经根损伤

（1）**脊髓震荡**：临床上表现为损伤平面以下感觉、运动及反射完全消失或大部分消失。一般经过数小时至数天，感觉和运动开始恢复，不留任何神经系统后遗症。

（2）**不完全性脊髓损伤**：损伤平面以下保留某些感觉和运动功能，为不完全性脊髓损伤。

（3）**完全性脊髓损伤**：脊髓实质完全性横贯性损害，损伤平面以下的最低位骶段感觉、运动功能完全丧失，包括肛门周围的感觉和肛门括约肌的收缩运动丧失。胸段脊髓损伤表现为截瘫，颈段脊髓损伤则表现为四肢瘫。

（4）**脊髓圆锥损伤**：表现为会阴部皮肤感觉缺失，括约肌功能丧失致大小便不能控制和性功能障碍，双下肢的感觉和运动仍保持正常。

（5）**马尾神经损伤**：表现为损伤平面以下弛缓性瘫痪，有感觉运动功能、性功能障碍及括约肌功能丧失，肌张力降低，腱反射消失，没有病理性锥体束征。

(三)脊柱损伤的现场急救原则

对于创伤患者,尤其是发生机动车碰撞、遭受攻击、从高处坠落或运动相关损伤时,第一反应者应警惕脊柱损伤。正确的方法是采用担架、木板或门板运送。先使伤员双下肢伸直,担架放在伤员一侧,搬运人员用手将伤员平托至担架上,或采用滚动法,使伤员保持平直状态,成一整体滚动至担架上(图2-3-5)。

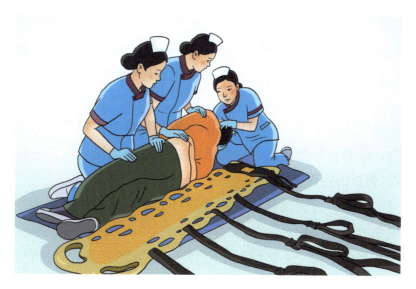

图 2-3-5　脊柱损伤者搬运法

(四)注意事项

无论采用何种搬运方法,都应该注意保持伤员颈部的稳定性,以免加重脊髓损伤;脊柱脊髓伤有时合并严重的颅脑损伤、胸部或腹部脏器损伤、四肢血管伤,危及伤员生命安全时应首先抢救。

(郑悦亮)

五、四肢损伤的识别和紧急处置

（一）四肢损伤的概念

四肢损伤是指在外界暴力作用于四肢后，致使四肢皮肤软组织挫伤、骨折、大出血等，甚至危及生命的损伤。四肢损伤在人体各部位损伤中，发生率占首位。

（二）四肢损伤的症状

1. **一般表现**　局部疼痛、肿胀、挫伤、挫裂伤、出血和功能障碍。骨折时，骨髓、骨膜以及周围组织血管破裂出血，在骨折处形成血肿，以及软组织损伤所致水肿，致病肢严重肿胀，甚至出现张力性水疱和皮下瘀斑。骨折局部出现剧烈疼痛，特别是移动病肢时加剧，伴明显压痛。局部肿胀或疼痛使病肢活动受限。

2. **骨折的特有体征**

（1）**畸形**：骨折端移位可使病肢外形发生改变，主要表现为缩短、成角或旋转畸形。

（2）**异常活动**：正常情况下肢体不能活动的部位，骨折后出现异常活动。

（3）**骨擦音或骨擦感**：骨折后，两骨折断端相互摩擦时，可产生骨擦音和骨擦感。

（三）四肢损伤的现场急救原则

1. **抢救休克**　首先检查患者全身情况，如处于休克状态，应注意保温，尽量减少搬动，有条件时应立即输液、输血。合并颅脑损伤处于昏迷状态者，应注意保持呼吸道通畅。

2. **包扎伤口**　绝大多数伤口出血可用加压包扎止血。大血管出血，加压包扎不能止血时，可采用止血带止血。最好使用充气止血带，并应记录所用压力和时间。创口用无菌敷料或清洁布类予以包扎，以减少再污染。若骨折断端已戳出伤口，并已污染，又未压迫重要血管、神经者，不应将其复位，以免将污物带到伤口深处。应送至医院经清创处理后，再行复位。若在包扎时，骨折端自行滑入伤口内，应做好记录，以便在清创时进一步处理。

3. 妥善固定 固定是骨折急救的重要措施。凡疑有骨折者，均应按骨折处理。闭合性骨折者，急救时不必脱去病肢的衣裤和鞋袜，以免过多地搬动病肢，增加疼痛。若病肢肿胀严重，可用剪刀将病肢衣袖和裤脚剪开，减轻压迫。骨折有明显畸形，并有穿破软组织或损伤附近重要血管、神经的危险时，可适当牵引病肢，待稳定后再行固定。固定可用特制的夹板，或就地取材选用木板、木棍、树枝等。若无任何可利用的材料时，上肢骨折可将病肢固定于胸部，下肢骨折可将病肢与对侧健肢捆绑固定。

4. 迅速转运 患者经初步处理、妥善固定后，应尽快地转运至最近的医院进行治疗。

（四）注意事项

1. 如有四肢动脉出血，必须现场进行包扎后再转运，一般的小动脉出血可采用局部加压包扎止血，如为大动脉出血，可在伤口的近端肢体用止血带捆扎，必须半小时到1小时松开止血带一次，避免肢体远端缺血引起坏死。

2. 长骨骨折，必须外固定后再搬运，以减少疼痛，避免骨折断端活动刺伤血管、神经造成继发性损伤，降低长骨骨折引起脂肪栓塞的概率。

（郑悦亮）

六、多发伤的识别和紧急处置

（一）多发伤的概念

多发伤是指在同一致伤因子作用下，引起身体两处或两处以上解剖部位或脏器的创伤，其中至少有一处损伤可危及生命。多发伤常由高处坠落、交通事故、冲击震荡、灾难性事故等因素引起。多发伤具有伤情多变、病情复杂等临床特点，治疗难度大且并发症多，因而死亡率较高。

（二）多发伤的症状

多发伤的临床表现与损伤部位密切相关，如头部创伤主要表现为意识改变，严重者可出现昏迷、肢体感觉活动障碍；口腔颌面部及气管创伤可以引起气道阻塞，引发窒息；颈部损伤可引起脊椎骨折、脊髓损伤，导致肢体感觉活动受限，严重者导致截瘫；胸部创伤最多表现为肺挫伤，肋骨骨折，血气胸和心脏损伤等；腹部损伤常可见脏器破裂引起的内出血，以及腹膜炎。除此以外，多发伤可引起较严重的生理紊乱和危及生命的状态。

1. 病死率高 由于严重多发伤的伤情危重，病死率很高，伤后有三个死亡高峰：第一个死亡高峰在伤后数分钟内即刻死亡，死亡原因多为脑、脑干、高位颈髓或心脏、大动脉的严重创伤，往往来不及救治而死亡。第二个死亡高峰出现在伤后6小时之内，死因多为颅内血肿、血气胸、肝或脾破裂，以及骨盆及骨干骨折所致的大出血，如抢救正确，转运及时，上述伤员可免于死亡，此期是创伤急救的黄金时段。第三个死亡高峰出现在伤后数天或数周内，死亡的主要原因为创伤后的重症感染和器官功能衰竭。

2. 伤情严重，病情变化快 多发伤多伴有系列复杂全身应激反应，其反应程度与创伤严重程度、性质、部位等因素密切相关。多发伤严重影响机体的生理功能，机体处于全面应激状态，容易导致伤情迅速恶化，部分伤者可迅速死亡。

3. **伤势重，休克发生率高** 多发伤的伤情重，损伤范围广，失血量大，休克发生率约为50%。休克发生的主要原因为失血性休克、心源性休克等情况。

4. **易伴发感染** 多发伤多伴有开放性伤口，常伴有伤口污染，且严重的应激状态是伤者抵抗力明显下降，所以伤后感染的发生率高。

5. **低氧血症发生率高** 多发伤患者常有严重颅脑外伤、胸部损伤，引起通气换气功能障碍，导致严重的低氧血症，危及伤者生命。

6. **易漏诊误诊** 多发伤由于伤及部位多、伤情复杂，常有隐蔽性外伤存在。同时相当部分伤者伴有意识障碍不能述说伤情，故容易造成漏诊、误诊。

（三）多发伤的现场评估

对创伤患者进行院前急救，最先要做的事情便是评估，以尽早辨认出致命性的问题，简要步骤包括（ABCDE）：

A：维持呼吸道通畅及保护颈椎；

B：维持呼吸及换气功能，稳定氧合；

C：维持循环及控制出血；

D：残疾和神经功能评估；

E：裸露的创伤患者要注意环境控制及防止失温。

（四）多发伤的现场急救原则

1. **呼叫救护车** 保持伤者相对稳定状态，呼叫救护车，守护患者防止二次损伤。

2. **注意保温** 多发伤患者易伴发体温下降及低体温，需注意保温。

3. **保持呼吸道通畅** 对于颅脑损伤昏迷、颌面部损伤引起上呼吸道梗阻，必须马上解除呼吸道梗阻。

4. **尽早控制出血** 对于可见的动脉出血，必须马上进行加压包扎或止血带止血，避免失血性休克。

5. **补充容量** 有条件者应尽早开通静脉通路，给予输液，预防和纠正休克。

6. 若出现心搏呼吸骤停，应立即进行心肺复苏，应就地抢救，直至心搏恢复后再进一步转运。

（五）注意事项

1. **先治疗后诊断，边治疗边诊断** 创伤患者重而复杂，抢救时间紧迫，应抓住主要矛盾挽救生命。在抢救过程中进行诊断，不要被局部的创伤伤口所迷惑而忽视了危及生命的问题。

2. 对于迅速致死而又可逆转的严重情况，如心搏骤停、呼吸道梗阻、开放性气胸、张力性气胸、活动性出血等，应立即处理。

（郑悦亮）

七、中暑的识别和紧急处置

（一）中暑的概念

中暑是指暴露在高温（高湿）环境和/或剧烈运动一定时间后，机体产热、散热平衡障碍，引起的以中枢神经系统（意识障碍）和心血管功能障碍（休克）为主要表现的热损伤性疾病，是一种危及生命的急症。包括先兆中暑、轻症中暑和重症中暑。

（二）中暑的分类

1. 先兆中暑 在高温环境下，出现头痛、头晕、口渴、多汗、四肢无力发酸、注意力不集中、动作不协调等，体温正常或略有升高。如及时转移至阴凉通风处，给予降温、补充水和盐分，短时间内即可自行恢复。

2. 轻症中暑 除先兆中暑症状外，体温往往在38℃以上，伴有面色潮红、大量出汗、皮肤灼热，或出现四肢湿冷、面色苍白、血压下降、脉搏增快等表现。如及时转移至阴凉通风处，平躺解衣，降温，补充水和盐分，可于数小时内恢复。

3. 重症中暑 分为三个类型：热痉挛、热衰竭和热射病。

（1）热痉挛： 热痉挛是一种短暂、间歇性发作的肌肉痉挛，可能与钠盐丢失相关。热痉挛常发生于初次进入高温环境工作或大量出汗时仅补充水分的人员。

（2）热衰竭： 热衰竭是由于过多出汗或频繁恶心呕吐导致水和盐分的丢失，机体因脱水、缺盐和低血容量而导致虚脱。患者温度可能升高，也可能不升高。

（3）热射病： 热射病是由于高温环境或剧烈运动引起身体产热散热不平衡，导致核心体温超过40℃，中枢神经系统异常，包括精神状态改变、惊厥或昏迷，并伴有危及生命的多器官损伤。根据发病原因和易感人群不同，热射病分为经典型和劳力型。经典型主要见于老年、体弱、有慢性病患者在高温、通风不良环境中维持数日后发生。而劳力型中暑主要是在高温、高湿或强烈的太阳照射环境中作业或运动数小时发生，见于军官和士兵、运动员、消防队员和建筑工人等青壮年。与经典型相比，劳力型病情更重，更容易并发严重的横纹肌溶解、肾功能损害和弥散性血管内凝血。

（三）中暑的处理

快速、有效的降温是中暑治疗成功的基础。研究表明，在发病30分钟内将体温降低到38.9℃以下可以提高生存率。对于在高温环境下出现的体温升高和意识改变怀疑中暑时，立刻停止当前活动，转至阴凉通风处，给予降温处理。包括解开衣服、风扇散热、大动脉冰敷、冷水擦身、浸泡等。口服或静脉补充水分电解质。此外，对于重症患者还需要实施气道、呼吸、血压和器官的功能支持，应及时送往医院救治。需要强调的是，早期积极降温对于中暑患者的救治非常关键。

（四）注意事项

1. 高热天气下和高温环境中（如处于太阳直射的车厢内）应时刻警惕中暑发生的可能性，应注意休息、散热、口服补充水电解质等预防中暑的发生。

2. 对于处于意识错乱的中暑患者，应该与精神疾病相鉴别；对于高温下昏迷的患者，应与脑血管意外等造成的昏迷相鉴别，避免延误诊治。

（许毅）

八、烧烫伤的识别和紧急处置

（一）烧烫伤的概念

烧烫伤一般指热力烧伤，包括热液（水、汤、油等）、蒸气、高温气体、火焰、炽热金属液体或固体等所引起的皮肤、黏膜、甚至肌肉、骨、关节、内脏等热力性损伤。由辐射、放射性、电、摩擦或与化学品接触而对皮肤或其他有机组织造成的伤害也被认定为烧烫伤。

（二）烧烫伤的分类分度

除传统意义上的热力烧伤外，交通事故中还会面临以下特殊烧烫伤：

1. **电烧伤**　电烧伤可分为电弧所引起的热烧伤和电流通过人体所引起的电接触烧伤。电弧是高压电所产生的一种光亮桥带，温度可达3 000～4 000℃，其损伤的病理和生理变化基本同热力烧伤相同。电接触烧伤是由于电流进入人体转变成热能而造成的，可以损伤局部皮肤、肌肉、神经、骨骼、血管等。电流对中枢神经系统和内脏的影响，能致心搏、呼吸骤停，即刻危及生命。

2. **化学烧伤**　化学烧伤是指常温或高温化学物质直接对皮肤腐蚀作用及化学反应热引起的急性皮肤组织损害，如眼烧伤、呼吸道吸入性损伤，以及某些化学物质吸收中毒。与热力烧伤不同，伤后较长时间内，化学物质继续在皮肤表面、深层或水疱内持续起损害作用，对组织造成进行性损伤。

3. **放射性烧伤**　皮肤受射线作用而发生的损伤统称为放射性损伤，包括急性放射性损伤和慢性放射性伤。急性放射性损伤许多方面与热力烧伤相同，主要有β射线、γ射线和X射线。

4. **烧烫伤的分度**　烧烫伤的严重程度主要根据烧烫伤的部位、面积大小和烧烫伤的深浅度来判断。烧烫伤按深度，一般分为三度：

Ⅰ度（轻度）：只伤及表皮层，受伤的皮肤发红、肿胀，觉得火辣辣地痛，但无水疱出现。

Ⅱ度（中度）：伤及真皮层，局部红肿、发热，疼痛难忍，有明显水疱。

Ⅲ度（重度）：全层皮肤包括皮下脂肪、骨和肌肉都受到伤害，皮肤焦黑、坏死，由于神经损伤导致疼痛反而不明显。

（三）烧烫伤的处理

烧烫伤后最重要的步骤是停止热损害。可以用冷水冲洗冷却创面至少 20 分钟，这样可以减少烧伤的最终大小和深度，并有助于减少后遗症。为了止痛和防止持续的液体丢失，可以在运送到医院的过程中用干净纱布或保鲜膜覆盖烧伤区域，尽快及时就医，接受专业的治疗。

（四）注意事项

1. 对于电烧伤患者，施救时必须确保电源已关闭，避免造成施救者触电。

2. 对于贯穿心脏的电击伤，极易引起心搏骤停，如发生心搏骤停，予以心肺复苏治疗。

3. 对于损伤上呼吸道的烧伤，应该注意呼吸情况，如呼吸急促，给予吸氧，必要时气管插管或气管切开治疗。

（许毅）

第四节　典型案例

一、乐清京岚线机动车与非机动车相撞造成致命交通伤的现场救治

（一）事件经过

2021年6月28日15:00左右，乐清市公安局指挥中心接到群众报警，称一辆轿车与一辆电动三轮车发生相撞，其中电动三轮车上人员在事故中受伤严重，已昏迷。报警人同时拨打了"120"急救电话。

据辖区交警部门调查，该交通事故发生在2021年6月28日15:00许，事故地点为京岚线1 860千米+500米路段处，一辆小型越野车与一辆电动三轮车发生碰撞，造成两车受损，人员受伤。越野车驾驶员酒精测试检测结果为无酒精。电动三轮车上的驾驶员与一名乘客不同程度受伤，该电动三轮车系本地一家物业管理公司的环卫车，驾驶员郭某与乘客陈某均为环卫工人，负责事发路段道路两侧沟渠、中间绿化带的清洁工作，当时他们正在进行道路垃圾清扫作业。

据物业公司负责人介绍，新员工入职时会进行安全教育，他们入职才2个多月，但已经接受了两次安全教育，主要教育内容为：在机动车道上清扫垃圾时，要尽量走道路的最边上，如果垃圾车掉头，要走路口的人行横道，确保安全。如果要捡拾道路中间的垃圾，要步行前往，不要直接驾驶电动三轮车至道路中间绿化带。虽然一直在强调安全，但还是有少数环卫工人不听教育，交通安全事故多发。

（二）救治过程

伤者一： 郭某，男，63岁，电动三轮车驾驶员，环卫工人，交通事故发生时，头部着地，受伤流血，昏迷不醒。院前急救人员到达现场，患者神志深昏迷，瞳孔对光反射消失，全身深浅反射消失，初步判定重度颅脑外伤、颈部外伤可能，给予颈托固定、纱布加压包扎止血等现场处置，经120急救人员送至医院急诊，查头胸腹CT提示：①两侧脑内多发高密度影；外伤性蛛网膜下腔出血。提示脑肿胀；气颅。颅骨多发骨折及两侧乳突及颅底。②右侧锁骨骨折；两侧多发肋骨骨折。③腰1～2右侧横突骨折。郭某于次月8日经医院抢救无效死亡。患者于该事故中伤情分析系可能为头部撞击伤或撞击倒地后引起的摔跌伤致颅脑外伤，死亡原因为原发性颅脑外伤，继发为颅内高压、脑疝所致。

伤者二： 陈某，男，65岁，乘客，环卫工人。交通事故发生时，从电动三轮车后的垃圾桶上摔落。院前急救人员现场发现患者全身多处疼痛，以左肩部为著，左上肢活动受限，无意识不清，无二便失禁，无胸闷心悸，无胸痛，无腹痛等。给予三角巾左上肢制动后经120急救人员送至医院急诊，查头胸腹CT提示"提示蛛网膜下腔出血，左锁骨粉碎性骨折。两肺斑片影，考虑坠积效应"。陈某经医院抢救脱离生命危险。患者于该事故伤情分析系可能为从车上摔下左肩部着地致摔跌伤，因无致命的头部外伤和胸部外伤，故转危为安。

（李伟）

二、关于"7·23"温州动车追尾事故抢险救援情况

（一）事件经过

7月23日20:34，北京至福州的D301次动车行至温州市双

屿路段时，与前方杭州开往福州的 D3115 次动车追尾相撞，造成 D3115 次列车第 13～16 节车厢脱轨；D301 次列车第 1 至 5 节车厢脱轨，其中三节从 20 多米高的铁路高架桥上直接甩下，第四节倒插在地上。事故共造成 39 人遇难，192 人受伤。事故发生后，温州、台州、丽水等 7 支救援队、63 辆救援车、640 多名官兵投入抢险救援战斗，紧急抢救疏散遇险群众 1 300 多人，参战官兵无一人伤亡，成功完成了抢险救援任务。

（二）救治过程

1. 消防救援队伍快速反应　接警后，温州支队反应快速、调派科学，在第一时间迅速调集 22 个中队、51 辆消防车、560 余名消防救援官兵以及重型起吊车辆火速赶赴现场救援，在最短的时间内形成集团式作战态势和核心攻坚能力。总队接报后，果断启动全省跨区域救援增援预案，迅速调集杭州、宁波、台州、金华、丽水等 7 个支队、13 辆专勤车、83 名特勤队员火速赶赴现场增援，为救援现场的大规模、大面积、长时间作战提供了有力的人力、物力保障。

2. 现场分段作业，科学施救　根据事故现场情况复杂、被困人多、救援难度大的特点，现场指挥部随机调整作战力量，明确了铁路上、地面上和悬挂车厢内三个作战段，以每节车厢为一个救援点，以 3 人为一个救援小组，采取多个救援小组交叉搜救、地毯搜救和反复清查等措施，确保了搜集过程细致、快捷和有效。针对动车追尾这种"非传统"的现代灾害事故救援特点和错综复杂的事故现场，现场指挥部科学制定了"分段组织、按点施救、同时展开、全面搜救"的战术措施，并成功实施牵引、起吊、破拆、转移、下降等技战术措施，最大限度地减少了人员伤亡。

3. 整合资源、协同作战　事故发生后，消防救援队伍、120 急救、公安、社会自发力量联动，现场处置按照责任分工，医疗救护、应急照明、现场通信等救援小组各司其职，密切配合，确保了救援工作有序、有效地开展。医疗救护组联合院前急救人员对批量伤员进行快速检伤分类，并在现场控制肉眼可见的活动性出血、支具固定肢体骨折、对存在颅脑损伤疑诊有颈椎骨折的患者常规颈托固定等，并根据病情就近将患者转运至6家医院急诊救治。历经26小时的连续救援，成功完成"7·23"动车追尾事故现场抢险救援工作。

（胡伟雄）

第三章 城市客运交通职业安全与防护

第一节 城市客运交通事故伤员特征

一、城市客运交通系统的构成

城市客运交通，经历了步行到非机动车，再到机动车和轨道交通（地铁）等四个时代发展，在规模与范围上不断扩展，现在进入了多元化的现代交通模式。

构成包括：非机动车客运、小汽车客运、公共汽车客运、快速轨道客运等（图3-1-1）。

（一）非机动车客运

非机动车客运，有摩托车、人力车、电动车等，因安全性差，交通事故频发，逐步在限制其在城市客运中的比重。

（二）小汽车客运

小汽车客运（包括出租车）具有灵活、相对快速的服务特点，但容易造成道路拥挤，尤其是出行高峰时，同时造成城市空气质量下降，社会资源消耗不少，但出行需求承载量低。

图 3-1-1　城市客运交通系统的构成

（三）公共汽车客运

公共汽车客运服务灵活且成本低廉，是最为普遍的一种大众客运方式。载客量大，空间大，缺点是起点到终点相对单一固定，人员流动大，随意性强，造成车速慢，经常不准点。基于此，目前很多城市建立了巴士快速公交（bus rapid transit，BRT）专用道，它是在常规公交的基础上，开辟专用道路和建造"人车分流"的新式车站，通过智能管理，为人们出行提供舒适性、准点性更高的客运服务。

（四）快速轨道客运

快速轨道客运，有隧道（地下、水下）、高架、地面的分类，快速、可靠，安全性最好，但建设成本巨大，不是每个国内城市都能拥有，并且依赖完善的服务水平和安全检测能力。

目前我国城市客运交通是以公共汽车客运为主体，快速轨道客运为骨干，小汽车客运为辅助的多元化模式。

二、城市客运交通事故特点

（一）按交通容量来划分

按交通容量即运送能力来划分，快速轨道是大容量客运，一旦发生交通事故，一次伤亡人数多，财产损失巨大。公共汽车客运为中容量客运，发生交通事故时一次伤亡人数较多，而小汽车客运发生交通事故时一次伤亡人数较少。

（二）按客运交通封闭性来划分

按客运交通封闭性来划分，快速轨道多采用隧道和高架形式，为全封闭性，车速高，惯性大，车辆挤压变形严重，致死性创伤发生率高，复合伤常见，同时伴有火灾、水灾、电击伤害等，营救难度大。巴士快速公交为半封闭系统，小汽车客运和非机动车客运为开放式交通系统，除车辆、道路、天气等因素外，驾驶人是对交通安全起决定性作用的因素，超速、超载行驶、疲劳驾驶、违法超车导致事故频发，车体大部分变形不严重，内部生存空间存在，大部分乘员是先被甩出车外，事故多以惯性甩打、撞击、车辆砸压致使侧翻发生，一旦冲出路基和桥梁往往造成重大车毁人亡的结果。

三、城市客运交通事故伤员特征

（一）速度高、密闭性强的快速轨道交通

速度高、密闭性强的快速轨道、长距离公共汽车发生交通事故时，伤员多为重伤，致残率高，全身多部位的复合伤居多，头颈、胸部、骨盆和肢体是外伤的好发部位，也是导致死亡的主要原因，

包括：头部出现严重颅脑外伤、重症脑出血；颈部出现脊柱外伤和脊髓损伤；胸部出现多发肋骨骨折、肺挫伤、血气胸、呼吸衰竭；肢体、骨盆骨折并出血导致低血容量性休克。出现上述情况不仅伤情重，而且极易发生严重后遗症。

（二）速度中等、开放式的小汽车客运和非机动车客运发生交通事故

速度中等、开放式的小汽车客运和非机动车客运发生交通事故，伤员多为轻伤或中度伤，头面部、胸腹部和肢体是外伤好发部位，多为钝挫伤，包括：颌面外伤、颅骨骨折、颅内血肿、脑挫伤；胸部出现肋骨骨折、气胸；腹腔内实质、空腔脏器挫伤、出血；肢体出现单根骨头的骨折、不完全骨折；皮肤撕脱伤等，但如果出现引起两个或两个以上脏器的创伤，并且其中一处创伤很重，伤情就严重，会危及生命。

（兰超）

第二节　城市客运交通事故常见急症的识别与紧急处置

一、现场急救的原则

（一）安全原则

交通事故现场大多环境较差，存在很多安全隐患，危及救援人

员自身安全。在施救之前，先评估环境是否安全，利用现场一切可利用的条件先解决险情，保障自身安全。

（二）快速原则

时间就是生命，救援人员要抓紧每一秒钟，火速评估，火速急救，火速护送伤员到医院治疗，最大可能减少伤残和后遗症。

（三）有序原则

救援中应本着"先抢后救、先重后轻、先急后缓、先近后远"的顺序，灵活掌握。第一采取能救命的最重要措施，如保持呼吸道的通畅、止血、胸外按压等措施；第二是处理好内脏器官的损伤；第三是处理好骨折；第四是包扎处理一般伤口。

二、急症现场伤情识别

在施救之前，必须对伤者的伤情作出快速的、全面的、尽可能准确的初步判断，以便按"轻重缓急"的原则施救和护送，优先保证抢救重伤员。可以按以下步骤进行评判（图3-2-1）：

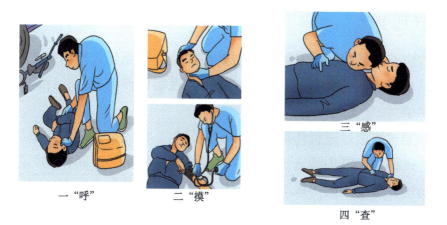

图 3-2-1　四步快速判断伤情

（一）呼

大声呼叫伤者，简单询问有无不适，能否听令做些简单动作，通过对方反应和对话，判断伤者意识，了解受伤情况。

（二）摸

触摸伤者腕动脉（桡动脉）或者颈动脉，在喉结与相连肌肉间的颈窝处，可以触知颈动脉的搏动，如搏动微弱，常为低血压的表现。心脏停搏时，颈动脉搏动消失，意识丧失，瞳孔散大，皮肤湿冷。

（三）感

可以将耳朵贴近受伤者的口鼻处，通过感受呼吸时的气流，判断伤者的呼吸情况。也可以平视伤者胸腹的起伏，判断有无呼吸以及呼吸的频率。危重伤者呼吸变快、变浅、不规则，濒临死亡时，呼吸会变慢、不规则直至呼吸停止。这时的体征是胸廓起伏消失，感受不到口鼻处气流的通过。

（四）查

应充分暴露伤员身体，查看外伤部位，有无开放性伤口，有无脏器暴露或躯体塌陷，有无可疑骨折，观察是否出血，并评估出血量多少。

通过快速地进行伤情识别和伤员分类，将危重伤及重伤员尽快从一批伤亡人群中筛选出来，争取宝贵时机在第一时间拯救，并按照伤情轻重的不同等级顺序转送医院，从而有条不紊地展开现场医疗救援。

三、常见急症现场处置

（一）急性出血

1. 分类　出血分为内出血与外出血。当血管破裂后，血液经皮肤损伤处流出体外时，称外出血；体内深部组织、内脏损伤出血，血液进入组织、脏器或体腔内，体表见不到出血，称为内出血。交通事故中的内出血，因不易发现，且缺乏有效的止血手段，致死性更强。按破裂的血管分类，分为动脉出血、静脉出血、毛细血管出血。动脉出血常导致大量血液快速丢失而危及生命。

2. 止血方法　急救现场根据出血部位、出血血管的不同，采取不同的止血方法。例如加压包扎止血法、指压止血法、止血带止血法、加垫屈肢止血法等灵活应用，也可联合、序贯应用。详细内容参见本书第一章。

（二）骨折

1. 骨折表现　骨折通常分为闭合性和开放性两大类。开放性骨折是指骨折处皮肤不完整，可见骨折端裸露，很容易识别。闭合性骨折是指皮肤完整，骨折断端未和外界相通。一般骨折处有局限性压痛、血肿，局部肿胀，伤肢出现缩短、旋转等畸形变化。伤员诉伤处疼痛肿胀、不能活动。

2. 处理　确定骨折后，应避免不必要的搬动。骨折端有骨外露者，不要还纳，更不要强行复位，可用敷料包扎，以减轻痛苦，有利于预防休克和感染。

3. 固定　固定的目的是减少骨折端的活动，避免在搬运过程中造成周围软组织及血管、神经等损伤，减轻伤者痛苦。可就地取材，如木板、木棍、硬塑料板、硬纸板等，如无上述物品，可将骨折的上肢固定于躯干，下肢固定于健侧下肢。固定的范围应包括骨折部位的上、下两个关节。具体见本书第一章相关内容。

4. 搬运　搬运的过程中要注意保持固定。可用单人扶、抱、背搬运法，重伤者可用双人座椅式、轿式、拉车式搬运法，或者用木板、担架或床单抬运。脊柱骨折则应平卧于床板或门板之上，决不能使用软质担架搬运，避免屈曲、后伸、旋转。颈部损伤，应稳定头部，数人协调保持伤员脊柱为一轴线，将其抬起，放在硬质木板或担架上，颈下垫小枕，头部两侧用软物固定，或用绷带将伤者头部固定住，避免头部摇动。具体见本书第二章相关内容。

（三）肢体离断

应立即对伤肢残端止血，离断的肢体要想方设法保存它，以便有机会行再植术。正确的处理方法是：用消毒的纱布或干净的布类将离断的肢体包好，放进无漏洞的塑料袋中，然后扎紧口袋。在口袋周围放上冰块降温，可用冰棍、雪糕代替，以达到冷藏目的。不要让断肢与冰块直接接触，以防冻伤，也不要用任何液体浸泡断肢，如碘酒、酒精这些消毒液，会引起严重的细胞变质。然后紧急送往有条件的医院。

（四）腹部开放性损伤

腹部受严重撞击后，腹腔脏器很容易自裂开的腹壁脱出，切不可把脱出的内脏立即送回腹腔，以免加重污染，应将上面的泥土等污物用清水冲净，再用洁净的碗盆扣住或洁净布、手巾覆盖，外面用带有弹性的布带缠住以免再次脱出。

（五）急性气道梗阻

交通事故发生时多次撞击中容易造成颌面部外伤、颅脑损伤、胸部外伤等，血块、口腔分泌物、碎骨片、牙齿等易坠入气道引起梗阻，伤员意识不清时候常伴发呕吐、舌后坠，从而阻塞气道引发窒息，危及生命。

1. 气道梗阻的症状

（1）**轻度气道梗阻**：伤员能呼吸，可以看到胸廓起伏，但常听到粗重的呼吸声。清醒者会用力咳嗽，但咳嗽停止时常出现喘息声。

（2）**重度气道梗阻**：伤员呼吸困难或不能呼吸，面色发绀或苍白，吸气时有高调的喘鸣音或打鼾音，不能咳嗽或咳嗽没有气流通过。完全梗阻的时候，听不到呼吸音，也感受不到伤者口鼻处气流呼出。

2. 气道梗阻的现场抢救

（1）用手帕、手指清除伤员口鼻中泥土、呕吐物、假牙（义齿）、血块等，将伤者体位调整为侧卧位或头偏向一侧，头低于脚，防止呕吐物逆流到气道引起窒息。

（2）如果伤者意识清醒，能呼吸且咳嗽有力，让其自行咳出，可在告知的情况下，进行拍背等方式帮助其咳出。

（3）如果伤者能配合，协助他用腹部冲击法（图3-2-2）。

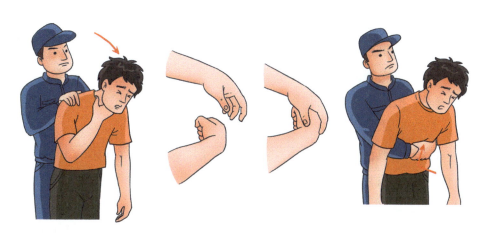

图 3-2-2 腹部冲击法

位置：接近胸部，肚脐与胸骨之间。

手法：一手握成拳头，拇指面朝内，放在胸骨下位置，一手抱住握拳手。

用力方向：将伤者抱起，从下往上，从前往后用气流将异物冲出。

（4）舌后坠时，应设法将舌牵出口外固定，操作要小心，避免伤者惊吓，将异物吸入更深。

（5）明确看到有异物出来并清除，伤者呼吸恢复，口鼻处有进出气流，呼吸声平稳，胸廓有明显起伏，可确定气道梗阻解除。

（6）一旦发现伤者昏迷，没有反应，立即进行心肺复苏。

（六）急性扭伤

1. **扭伤表现**　此类伤情在交通事故中很常见，在事故中，乘客的身体会与车内构件、车外障碍物发生一系列的碰撞、牵拉，极易造成关节周围的韧带、肌腱、肌肉拉伤甚至撕裂，造成关节扭伤。在救援现场，如果碰到伤员诉说关节疼痛、肿胀、活动不便，如踝关节、肩关节、膝关节等，且关节处皮肤青紫，极有可能发生了关节的急性扭伤。不要贸然检查关节的受伤情况，因为会造成关节处更多的毛细血管破裂，加重肿胀情况。

2. **扭伤的处置**

（1）**首先制动**：立即停止扭伤部位活动，更要避免其负重。

（2）**抬高肢体**：如是踝、肘、膝等肢体关节，下方可垫柔软物品，抬高肢体。

（3）**冷敷**：可用冷水浸泡的毛巾或用冰块进行外敷，持续30分钟，使血管收缩，减轻局部充血，起到止血、镇痛、消肿的作用，注意24小时内禁热敷。

（4）**加压包扎**：肢体关节可用布条、毛巾等进行加压包扎减轻关节肿胀。

四、注意事项

现场抢救前做好防火防爆措施,首先应关掉车辆的引擎,消除其他可以引起火警的隐患。不要在事故现场吸烟,以防引燃易爆物品。

判断伤者有无颅脑损伤,对伤者首先应大声呼唤或轻推,判断其是否清醒,有无昏迷。在轻推伤者时,严禁用力摇动伤者,防止造成二次损伤。

救治伤员时,应了解受伤部位,以便搬运时保持合适的体位,避免加重伤情或发生意外。颅脑伤者宜处半卧位或侧卧位,保持呼吸道通畅,妥善保护暴露的脑组织,防止或减少震动,可用衣物将伤者头部垫好。胸部伤者有呼吸困难宜采用半卧位,可用衣物座椅式双人搬运法或用座椅搬运。

清理口腔异物时,能否直接用手取出,要看伤者情况,成人因口腔面积较大,可以积极尝试,婴儿口腔面积小且用手阻挡视线可能让异物进入更深,不可以用手尝试。

(兰超)

第三节 典型案例

一、事件经过

2021年7月20日,郑州市突降罕见特大暴雨,单日最大降水量超过500毫米,三日时间降水量达到720毫米,尤其是7月20

日 16:00—17:00，也就是地铁出事前 1 小时，郑州降雨达到巅峰，每小时降水量达到 201.9 毫米——相当于约 50 个杭州西湖水量在 1 小时内直接倾泻至郑州市内。因此，造成郑州地铁 5 号线五龙口停车场及其周边区域发生严重积水现象，暴雨雨水倒灌入地下隧道和 5 号线列车内，造成郑州地铁 5 号线一列车在沙口路站至海滩寺站区间内迫停，车厢 500 余名乘客被困，最后 14 名乘客经抢救无效不幸罹难。

二、地铁事故发生的特点

本次暴雨导致的地铁事故为大容量客运，载客量大，空间为封闭性，地铁地势低，积水很快倒灌，从地铁门缝漫入车厢，不到 15 分钟，水位便超过胸口。

三、此次地铁事故伤员特征

（一）缺氧窒息

伤员在人员聚集、空间密闭的环境下，再加上身体长时间泡在水里，极易出现缺氧，表现为：口唇发紫、呼吸困难、头晕乏力，严重者可导致窒息身亡。如果已经窒息了几分钟，伤员的大脑会处于严重的缺氧状态，这时伤员需要高流量的氧气治疗，身边的人需要立刻采取急救措施。

（二）低血糖

低血糖可表现为出现饥饿感、心慌、肢体颤抖、心情焦虑、眼前发黑（黑矇）等症状。严重时会发生全身抽搐、昏迷。严重的低血糖会引起脑部功能异常，危及生命。

四、地铁事故伤员的现场处置方法

（一）现场急救原则

1. **交通部门急救原则**　交通指挥部门应迅速启动应急预案，尽快合理安排人员疏散。组织专业人员迅速赶到现场实施救援。应坚持"先救人，后救物；先全面，后局部"的原则，优先组织人员疏散、伤员抢救，同时兼顾重点设备和环境保护，将损失降到最低限度。通过采取各种措施，建立健全应对突发事件的有效机制，最大限度减少因突发公共事件造成的人员伤亡。

2. **伤员自救原则**　如若在湍急的水中行走，脚掌尽量顺着水流方向，尽量不要横穿水流，如果一定要横穿水流那就像螃蟹一样横着走。裤子跟鞋子能脱就尽量脱掉，减少水流的冲击面积，受冲击越小则摔倒的可能性越低。如果体重太轻站不稳，可以选择合作自救，让体能好的个子高的人背着，加大脚掌与地面的摩擦力，以此对抗水流冲击。

3. 医学救援按安全、快速、有序原则进行。

（二）现场伤情识别与处置

按照前文所属"四步抢救法"（一呼、二摸、三感、四查）快速判断伤情。通过伤情判断，将危重伤及重伤员尽快从一批伤亡人群中筛选出来，争取宝贵时间转送医院。

1. **缺氧窒息的现场救治**　对于缺氧窒息患者，神志清楚能配合者，尽快给予吸氧，改善缺氧症状。口对口人工呼吸和球囊面罩辅助给氧是为失去反应的伤员提供氧气的快速且有效的方法。

2. **不同程度低血糖患者的现场救治**

（1）清醒且能配合此时，应让伤员坐下来休息，避免摔倒，尽快让其食用含糖的糖片或糖块；也可以饮用含糖的饮料，如果汁、可乐等；如果没有以上含糖食品，也可让其食用淀粉较丰富的食物，如饼干、馒头、粥等。

（2）没反应有呼吸，此时应让伤员侧卧，并立即呼叫救护车。在等待救护车时应注意伤员情况，不要给伤员喂食、喂水，以免伤员误吸引起窒息。

（3）没反应且没有呼吸或无意识，说明伤员发生了心搏骤停，应立即给伤员进行心肺复苏，有条件的话，尽快使用自动体外除颤器，同时尽快呼叫救护车。

3. **淹溺者的现场救治**　溺水者被紧急营救出水后，首先要立即清除口、鼻腔内异物，保持呼吸畅通，并将舌头拉出，以免后翻阻塞呼吸道。如呼吸已停止，应同时进行心肺复苏。

（兰超）

第四章 水路交通运输职业安全与防护

第一节 水路交通事故的救援

一、常见水路交通事故的类型

水路交通事故是指船舶、浮动设备等在水域发生的交通事故，主要包括碰撞、搁浅、触礁、浪损、触碰、火灾、爆炸、风灾、自沉、操作性污染等事故以及其他引起人员伤亡、直接经济损失或者水域环境污染的水上交通事故。本书主要讨论船舶的碰撞、触礁、浪损和搁浅。

（一）碰撞

1. **碰撞常见原因** 船舶碰撞，是指船舶之间、船舶与移动式平台之间相互碰撞而造成的水上交通事故。常见的船舶碰撞形式有船头对船头、船头对船身、船头对船尾以及船身对船身的碰撞。在船舶相撞事件中的原因，主要涉及人为因素、船舶因素、环境影响以及其他因素。其中，人为原因是最主要因素，包括：未能保持正规瞭望；未按安全航速行驶；对碰撞风险未能做出准确的估计和判断；船员未能采取恰当的避碰措施。

2. 碰撞后应急处置

（1）**保持咬合状态**：碰撞发生后，首要问题是尽可能减少受损船舶的进水量。所以，不管我船撞进他船或者他船撞进我船，都不能贸然分开，而需保持低速向前顶住对方保持咬合状态，待被撞的船采取相应堵漏措施后方可脱开。

（2）**全力排水**：碰撞发生后船体往往伴随进水，需尽全力排水，隔离破损舱室，防止浮力损失。

（3）**伤员急救**：碰撞导致的伤亡人员应迅速撤离碰撞部位并进行紧急救治，同时做好落水者搜救工作。

（4）**全面评估**：碰撞发生后，经全面检查评估，若碰撞后船舶情况良好，可使用自身动力靠近海岸继续航行自救，若受损严重，可采取拖航或抢滩的方式进行救援。如事故严重、情况紧急，船长应向外界请求援助，必要时发出弃船信号。如有燃油泄漏，按污染有关规定处理。

（二）浪损

1. **浪损常见因素** 浪损指船舶在航行时或停泊时，受到海浪或其他船舶引起的水浪冲击造成损失的水上交通事故。浪损的发生往往与多因素相关，不仅跟风力、流速等自然因素或船舶行驶速度所致水浪的大小等有关，同时与船舶抗浪能力、受浪船舶防浪措施等也有密切关系。

2. **浪损后应急处置** 当船舶在航行过程中遇到较大风浪时，应在保证航行安全的前提下尽量降低航速，并与其他船舶保持足够的横距。发生浪损后的救援工作，与碰撞事故类似。

（三）触礁与搁浅

1. **触礁与搁浅常见因素** 在通常情况下，搁浅触礁事故的发生，往往同下述几个因素有密切的关系。

（1）**自然条件**：如风、流、浪、雾、雨、夜等。

（2）**航路条件**：如航道宽度、弯曲度、深度、危险物的分布以及航路标志的设置等。

（3）**船舶条件**：如船体、主机、主要设备的技术状态及货物积载情况等。

（4）**交通条件**：如船舶对迁、横交、追越的密度和频度以及小船、渔船、渔具的存在情况等。

（5）**船员条件**：如船员的责任感、知识、技术、健康状况、精神状态、疲劳程度以及心理特征等。在某种情况下，海事可能由于单一条件所引起，但大量的海事是在几个条件重叠起来的情况下发生的。当然，船员条件是其中最活跃、最重要的一个因素。

2. 触礁或搁浅事故后的应急处置

（1）发生触礁或搁浅事故后，应立刻检测船位、船舶各面吃水深度、船舶周边水深和水底情况。迅速检测各个压舱、水舱、淡水舱、油舱及污水舱的液面标高，检查船体有无受损和进水的情况，推进器等主要动力设备及操纵设备有无损坏。

（2）触礁或搁浅发生后，若船舱破损进水，则应迅速关闭破损舱室与其他舱室之间的通道，并迅速排水，防止浮力进一步流失。

（3）计算损失浮力，检查动力和控制设施，根据船体损伤情况，用自身动力自行脱浅。成功脱浅后，应反复检验各舱、油舱等有无进水，以便及时发现处理问题。若短时间内不能脱险，应考虑固定船舶，以免潮水冲击使船体损伤进一步加重，并向外界发出求救信号。

（4）记录船舶搁浅或触礁的时间与方位等数据，以便事故后的调查处理。

（5）如有燃油泄漏，按污染有关规定处理。

（四）火灾处置

1. **船舶火灾常见因素** 船舶上危险物品自燃、爆炸，燃油管路、电路损坏，船员违规作业，船舶发生事故后伴随起火等均可导致火灾的发生。

2. **船舶火灾的紧急处置**

（1）出现火灾后，应迅速发出消防警报，船员听到警报信号后，应立刻组织消防力量进行灭火。

（2）客运船舶需要用多种语言向旅客示警，工作人员按照指定路线疏散旅客。待火灾现场人员安全撤离后，关闭相应防火门，切断风、油、电并释放二氧化碳进一步灭火。

（3）如航船仍有动力，应操纵船舶，使起火部位处于下风。但应避免因抢救动作导致船舶触礁、搁浅，扩大船舶受损程度。

（4）如火势严重导致灭火失败，船长可决定发出弃船信号。

二、现场医学急救

（一）现场评估

无论是事故的当事人，还是赶到的救援人员，在开始营救动作之前，必须首先评估现场是否会给自己带来危险。如果现场存在危险，当事人应当先行撤出事故现场，救援人员也应该在场外待命。若条件允许，可将伤员快速转移至相对安全区域再进行施救。

（二）拨打急救电话

鉴于水上事故的危险性与复杂性，呼救者应首先呼叫全国水上遇险紧急报警电话12395求救，并为专业的院前急救团队提供救援基础。

拨打求救电话时，呼救者需要沉着镇静，准确汇报事故地点和船名，以便水上救援人员及时赶到现场。尽可能说明事故的类型、程度，以及需要何种救助，以便营救团队做好营救的应急物资准备工作。

（三）检伤分类

检伤分类是根据伤员生命体征、解剖损伤、损伤机制等信息，判断伤员救护需求程度，快速进行检伤分类，实施原则参考本书第一章第四节相关内容。需要注意的是，伤员的伤情及生理状况是动态变化的。因此，检伤分类也应是一个反复评估的过程，从而将伤员需求与有限的医疗资源进行动态匹配。

（四）现场急救

1. 创伤的急救　在各种船舶事故中，船员受伤在所难免，而专业的救援团队无法及时赶到，且伤员往往呈现群体性，船上的医疗资源又十分有限。在这种情况下，普通民众互助互救很重要，利用身边可获得的物品进行初步的止血、包扎、骨折固定和搬运，能够为伤员赢取最大的生存机会。需要注意的是，事故现场往往有诸多的不确定性。因此，抢救伤员应遵循先救命后救伤的原则，尽快脱离危险环境。如伤员受伤严重，无法承受转运，可有医务人员在现场进行损伤控制性手术，待初步稳定病情后再行转运。具体可参考本书第二章相关内容。

2. 淹溺的急救　淹溺是指淹没于各种液体中导致呼吸及全身损害的过程，常见的是溺水。由于淹溺患者无法进行气体交换，患者往往因窒息而亡。淹溺最重要的急救措施是尽快为患者恢复有效通气。一旦发现淹溺者，应尽快将其救出，清除口鼻泥沙、水，保持气道通畅，目前不主张对患者进行控水，为患者做好保暖措施。

对无反应的淹溺者应立即开始心肺复苏。淹溺的识别与紧急处置见本章第二节相关内容。

3. **烧伤与窒息的急救**　水上交通事故发生时，由于轮船碰撞或触礁等原因，可能导致船舱起火。加上船舱空间狭小，烟雾弥漫，导致人员撤离不方便，烧伤与窒息风险。一旦发生烧伤，应迅速脱离热源，脱去高温衣物，必要时可跳入水中灭火降温，但应注意做好自救互救措施。为发生窒息的患者开放气道，清除口腔异物，转移至通风处呼吸新鲜空气。

4. **低体温的急救**　水上交通事故伤员往往全身衣物浸湿，或者不能及时脱离水源，导致热量迅速流失。成功营救伤员后，应迅速为其换下湿冷的衣物，做好保暖措施。

5. **急性中毒的急救**　水上交通事故，可能伴有危化品、有毒物质泄漏并对人体造成损害。去除污染，可阻止污染物质对伤员的进一步伤害，避免救援人员被污染物质毒害，还可防治污染物质向后方医疗机构扩散。安全去除污染，需要身着适当级别的防护设备，具体见本书第六章相关内容。

三、落水伤员搜救和自救

（一）落水伤员的自救

船组人员及乘客应事先了解消防栓、报警装置、逃生通道、安全出口的分布，了解一些船舶紧急鸣笛信号，知晓急救包的存放位置，用于事故发生后进行自救与互救之用。应急包中，往往储存有手电筒、口哨、防毒面具、绳索、救生衣等物品。

伤员一旦落水，无论是否会游泳，均应首先保持沉着冷静。胡乱挣扎，不仅会消耗大量体力，还有继续下沉的危险，导致后续自救难以进行。在船舶失事现场，可以抓、拉、扶漂浮物品，尽量使身体浮在水面上。如在下沉的过程中碰到坚实物体，则双脚用力向上蹬，使身体重新回到水面。如无法获取借力物体，可采取抱膝式、仰漂式两种自救方式进行自救。

1. **抱膝式** 指人落水后，双手环抱膝盖，低头蜷缩，人体慢慢上浮，当感觉背部露出水面后，迅速向下推水，同时抬头快速换气，然后迅速恢复至抱膝状态，如此循环往复，以确保正常呼吸且不下沉。

2. **仰漂式** 首先将双手放于水中，人向后仰，保持口鼻露出水面缓慢呼吸，下沉时则闭上嘴巴，鼻腔出气，微微推水，等待上浮。重点在于让口鼻浮出水面，其余的部位，则在水面下，尤其是双手不要挣扎伸出水面，维持浮力。优点是体能消耗小，但更易导致热量流失。

3. **呼救** 事故发生后，可采用舰载通信装备，利用各个频段向附近船只或海岸站发出求救信号。除此之外，拨打求救电话12395、向水中投放燃料、发射信号弹及燃烧衣物等方式亦是可行方法。当发觉救援人员赶到后，可采用呼救、口哨、敲击等方式进一步发出求救信号，等待营救。当有施救者救援时，注意一定要听施救者的指挥，不要猛拽、猛拉施救者。

4. **痉挛** 如发生手指痉挛，可将手握拳，然后使劲张开，迅速重复数次，直到痉挛停止；对于小腿或脚趾痉挛，可先吸口气，然后用对侧手握住痉挛肢体的脚趾向背侧牵拉，同时用同侧的手抵住痉挛肢体的膝关节，协助痉挛小腿伸直；如大腿痉挛，亦可采用拉长痉挛肌肉的办法。

5. **低体温** 当伤员能够稳定漂浮在水面后，应设法尽快脱离水面。如无法及时上岸，则长时间冷水浸泡可引起低体温，造成各重要脏器功能异常，例如低温诱发心室颤动是海难导致死亡的主要原因之一。因此，漂浮水面时尽可能避免头颈部浸入冷水中，可采取双手于胸前交错、双腿向腹部屈曲的姿势，以减少胸部、腋窝和腹股沟、腘窝等部位持续接触冷水导致的热量快速流失。多人落水时，可将身体紧靠在一起，防止热量流失。

（二）落水伤员的搜救

水路交通事故突发性强、救援时效性要求高、与救援难度大，应坚持政府领导、统一指挥、生命优先、就近快速的救援原则。事故发生后，专业的搜救队伍作为重要救援力量，往往由灾难医学专家、危险物品管理人员、技术搜寻人员、搜救犬和通信转运人员构成。

1. **确认落水位置** 发生事故后首先应根据航行轨迹、水文气象、求救信息等确认事故现场及落水伤员位置。搜救开始前，救援人员应与船组人员沟通船上人员分布及人数等信息，有助于对幸存者快速定位。

2. **推断伤员偏离位置** 水面搜救落水伤员时，应考虑事故地点的风向、水流，这些因素可能使伤员偏离落水位置。施救者呼叫后，应仔细倾听相应位置水面是否有回应，如口哨声、异常水声；观察水面有无手电筒光束、救生衣反光条或指示灯。

3. **施救方法与技巧** 一旦发现落水伤员，如能够配合，可采用绳索、木棍、救生圈或其他任何可漂浮的物品对其进行救助。需要注意的是，抛救生圈或其他救助器械时，应扔在伤员周围位置，以免砸到水中伤员。如伤员无法配合或意识丧失，施救者应从伤员后方靠近并施救，以免被落水者凭本能拽入水中。如果现场存在船舱起火或进水等因素，搜救过程中不可贸然开门，以免内部火灾或较高水压对自身造成伤害。搜救过程中应尽可能保持安静，注意倾听有无叫喊声、敲击声、手电筒光亮等。

4. **获救后处置** 成功营救幸存者后，应注意为其做好保暖措施，去除浸湿的衣物。

四、海上伤员的医疗后送

海上伤员的医疗后送，目的是使伤员脱离危险环境，并根据伤情，将伤员分类转运至相应级别的医疗机构，实现伤情与医疗资源最优化配置，最大限度地挽救患者生命。海上伤员的医疗后送，一般分以水、陆、空三种途径或几种途径相结合的方式实施医疗后送。

（一）转运原则

转运应遵循"NEWS"原则，即每一步操作是否必要（necessary），治疗是否充分（enough），治疗效果如何（working），转运是否安全（security）。结合现场检伤分类，优先转运已危及生命需要立即治疗的伤员，其次转运需要急诊科处置的可能有生命危险的伤员，然后转运轻症伤员，最后转运不需要医学处理的人员或死亡者。

（二）转运适应证与禁忌证

1. **适应证** 救援人员根据伤情需要，且评估转运收益大于风险时，方可安排转运伤员。

2. **禁忌证** 患者心搏骤停、有紧急气管插管指征未及时插管、血流动力学极其不稳定等情况为转运相对禁忌，在保证高质量复苏、呼吸与循环支持的前提下，可由专业人员边救治边转运。

（三）转运方式

1. **水上转运** 将伤员通过救护艇或其他船只转运至海岸码头，往往与地面转运相结合。其特点是影响因素较多，转运过程中医务人员站立不稳，不易进行抢救操作，且途中颠簸影响监护准确性。

2. **地面转运** 直接用救护车或其他转送车辆将伤员转运至医疗机构。适用于近陆地海域（如码头）的水上交通事故，或用于水上转运与空中转运后半程。地面转运具有简灵活单易实现的特点，转运途中可为伤员提供支持治疗，而且采用大型车辆可大规模转送轻症伤员。

3. **水路－地面联合转运** 现将伤员由水路转运至海岸，然后再通过急救车转运至医疗机构。适用于不具备空中设施，或远离海岸水域，航空设备无法抵达或无法操作的事故地点。

4. **空中转运** 将伤员直接从事故地点转运至医疗单位进行急救。具有转运效率高、机动灵活的特点，医务人员可在转运途中处理伤员，而且返航时能够为事故地点运送物资补给。缺点是转运费用高、操作复杂，需要目标医疗单位有停机坪。

5. **空中－地面联合转运** 先将伤员从空中转运至预定地点，然后采用急救车转运至医疗机构。适用于伤员使用空中转运，而目标医院无停机坪的情况。

（四）转运前准备

1. **医务人员准备** 首先确保自身条件适合参与转运伤员。出发前应对伤员伤情准确评估，预判在转运途中可能发生的情况，准备好必要的药物与医疗器械。

2. **伤员准备** 救援人员对其进行充分 ABC 评估、处理，妥善处理好危及生命的创伤，维持伤员生命体征稳定。

（五）转运过程中

在转运途中，应将伤员妥善固定，以免途中颠簸摇晃加重创口出血或对机体造成二次损伤。昏迷伤员采取头侧卧位，以免口鼻分泌物或呕吐物导致气道阻塞。疑似或确定颅脑损伤的伤员，上下坡时保持头高脚低位。此外，救援人员应对伤员全程监测生命体征、动态评估患者神志、瞳孔、有无呕吐和剧烈头痛等情况，确保气道通畅。

转送过程中救援人员还应通过车载通信系统、对讲机、拨打电话或发送短信等方式，向接诊医疗机构汇报简要病史、生命体征、伤情、既往病史、预计送达时间等信息，为伤员的成功救治提供最大可能性。

（六）伤员转运的注意事项

1. 伤员患有或者疑似患有传染性疾病。一旦怀疑或确定伤员患有传染性疾病，应做好防护措施后再接触伤员，并立即向上级部门报告，安排好院内接诊工作。

2. 没有得到知情同意和外交许可的伤员，需延迟转运，但应实时关注伤员病情变化。

3. 空中转运时，随着飞行高度的增加，机舱内气压逐渐降低，某些隐匿性损伤可能会暴露出来。如原来的少量气胸可逐渐增加导致氧饱和度降低，使原本无须氧疗的患者需要支持治疗。

4. 随着空中转运飞行高度的增加，空气中氧分压逐渐降低，可能导致重症伤员出现低氧血症，而这种变化并非病情加重所致。

5. 飞机在起飞、降落以及飞行过程中，难免出现震动，这可能导致已经止血的创伤部位再次出血，甚至出现二次损伤。

（洪广亮）

第二节 水路交通事故常见急症识别与处理

一、淹溺的识别与紧急处置

（一）淹溺的概念

淹溺又称溺水，是指人淹没或浸泡于水（淡水或海水）中，由于水进入呼吸道及肺泡，或反射性喉头、气管痉挛，导致窒息、缺氧，使人处于危急状态，甚至死亡。

（二）淹溺的严重程度

淹溺的严重程度主要根据临床表现来判断，一般分为三度：

1. **轻度淹溺** 落水片刻，淹溺者可吸入或吞入少量的水，有反射性呼吸暂停，神志清楚，血压升高，心率加快，肤色正常或苍白。

2. **中度淹溺** 淹溺1～2分钟，淹溺者有剧烈呛咳呕吐，可出现神志模糊或烦躁不安，呼吸不规则，血压下降，心率变慢。

3. **重度淹溺** 淹溺3～4分钟，淹溺者被救后处于昏迷状态，由于窒息出现面色青紫或苍白、肿胀、眼球突出、四肢湿冷、测不到血压，口腔、鼻腔和气管充满血性泡沫，可有抽搐。呼吸、心跳微弱或停止。此外，淹溺者常合并脑外伤、脊髓损伤（跳水时）和空气栓塞（深水潜水时），从而出现相应的表现。

（三）淹溺的生存链及救护措施

淹溺生存链（图4-2-1），包括五个关键的环节：预防、识别、提供漂浮物、脱离水面、现场急救。

第四章 | 水路交通运输职业安全与防护

图 4-2-1　淹溺生存链

1. **淹溺的预防**　预防是降低淹溺致死、致残率的最重要手段。水路交通事故淹溺风险因素的有效控制，是淹溺防治工作的重点内容。

（1）尽量避免在大风、大雨、大雾等极端天气出行；

（2）不乘坐超载的或保养不良的船只；

（3）尽量避开陌生、危险的水域；

（4）禁止在乘坐水路交通时打闹嬉戏、饮酒、靠近船栏等；

（5）加强对儿童、老人、孕妇等特殊人群的监管；

（6）高危情况下及时正确穿戴救生衣、救生圈等。

2. **淹溺的识别**　淹溺时，第一目击者应立刻启动现场救援程序。首先应呼叫周围群众的援救，有条件应尽快通知附近的专业水上救生人员或110消防人员。同时应尽快拨打120急救电话。在拨打急救电话时应注意言简意赅，特别是讲清楚具体地点。

3. **提供漂浮物**　第一目击者在专业救援到来之前，可对离岸较近淹溺者投递竹竿、绳索、救生圈等漂浮物；对较远的淹溺者，尽量利用船只、救生衣或救生圈等工具下水施救。

4. **脱离水面**　接近淹溺者时，需警惕淹溺者拍打水体或牵拽造成双方淹溺。救援者应从背后接近，防止被淹溺者紧抱缠身而发生危险。

5. **淹溺的现场急救**　转移上岸后，将淹溺者置于仰卧位，迅

091

速进行呼吸心搏骤停的判断（图 4-2-2）。

（1）如果淹溺者存在自主有效呼吸，应置于稳定的侧卧位，口部朝下，以免发生气道窒息。在不影响抢救的前提下，尽可能去除湿衣服，擦干身体，防止出现体温过低。

（2）如果淹溺者呼吸、心脏停搏，尽快启动心肺复苏，应遵循 A-B-C-D 顺序，即开放气道、人工通气、胸外按压、早期除颤。上岸后立即清理口鼻的泥沙和水草，用常规手法开放气道，首先给予 2 次口对口人工呼吸，再胸外按压，取得 AED 后依照提示操作。

1　迅速清除溺水者口、鼻中的污物

2　解开领口，使其平卧，以保持呼吸道通畅，再给予**两次人工呼吸**

3　将溺水者头部歪向一侧，进行**心肺复苏按压**，在按压的同时溺水者胃部的积水也自然会流出

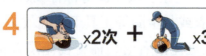

4　按照**此频次**循环进行
直到溺水者苏醒 / 专业急救人员到来为止

图 4-2-2　淹溺患者心肺复苏

（四）淹溺救护的常见错误与注意事项

1. 错误Ⅰ：盲目入水救援。

真相Ⅰ：发现淹溺者时，施救者首先需要确保自身安全。不识水性的施救者，应避免进入水体。由于人手的握力有限，多人手拉手下水救援常因脱手导致施救者溺毙的发生。

2. 错误Ⅱ：一头扎进水里。

真相Ⅱ：切勿一头扎进水里救人，可能会因此错过淹溺者；可能增加救援者脊柱损伤的风险。

3. 错误Ⅲ：上岸后先控水。

真相Ⅲ：不应为淹溺者实施各种方法的控水措施（图4-2-3），包括倒躯体或海姆立克氏手法。淹溺后立即进行心肺复苏是唯一有效的急救方式。如果溺水者同时合并颈椎损伤，那么控水操作会造成更加严重的伤害。

图4-2-3　不应实施控水法

4. 错误Ⅳ：先进行胸外按压。

真相Ⅳ：在淹溺急救中快速缓解缺氧是至关重要的，救援者应首先开放淹溺者气道，并进行人工呼吸。

二、潜水病的识别与紧急处置

（一）潜水病的概念

潜水疾病是指潜水人员受水下环境因素作用而引起的病症、损伤和功能紊乱等的统称，主要包括减压病、缺氧症、氧中毒、氮麻醉、肺气压伤、高压神经综合征、水下生物咬伤等，其中减压病最具特征性。潜水员在水下（高气压）停留一定时间后，回到水面（常压）过程中，因上升（减压）幅度过大、速度过快，溶解于机体的气体来不及随呼吸排出体外，而在组织和血液中形成气泡引起的疾病，造成身体的不良反应或急性功能障碍，称减压病，也称潜水夫病或沉箱症。

潜水者在海中深度达 10 米时，人体总共受到的压力为两个绝对大气压或地面大气压力的两倍。深度每增加 10 米，就增加 1 个大气压。我们可以这样理解，由于人体组织的主要成分是水，当潜水员下潜过程中，随着深度增大，其组织中溶解的气体会逐渐增多；当潜水员上升出水过程中，溶解在组织中的气体会被释放出来。类似于汽水或啤酒打开的状态。减压病的病理改变是因为溶解的惰性气体堵塞在血管中形成栓塞和/或压迫周围组织产生功能性障碍。

（二）潜水减压病的临床分型及表现

潜水减压病依症状可分为减压病一型、减压病二型以及慢性型。

1. **减压病一型** 主要是惰性气体气泡堵塞、淤积皮下组织或肌肉或关节之间，造成关节剧烈疼痛，影响运动能力。其主要症状是：皮肤瘙痒、刺痛、蚁走感、红疹、大理石样斑纹、关节肌肉疼痛。

2. 减压病二型 主要是因为气体气泡充塞于呼吸系统、血液循环系统或神经系统，造成身体功能的严重障碍，引起休克与死亡。其主要症状有：头晕、眼花、呕吐、耳鸣、眩晕、视觉模糊、言语不清、四肢麻木、胸闷胸痛、失明、休克，甚至死亡。

3. 慢性型 长期在异常气压工作的人员，因减压不当导致中枢神经或身体组织产生慢性伤害，从而出现注意力不集中、视力减退、记忆力丧失、行动障碍、行为异常。此外，异常性骨坏死一般发生在职业潜水员的长骨头，尤其是股骨头和肱骨头。

（三）潜水减压病的现场救治

1. 让患者躺下，解开束缚、领口，垫高脚部20～30厘米，以避免因气泡堵塞血管或脑部神经系统受压而发生危险。

2. 保持在一个大气压下，切忌高空运输，在救护车上给予患者密闭式面罩吸氧。

3. 救护车上需要医护人员，随时观察病情变化，或实施心肺复苏。

4. 潜水减压病或肺气压伤发生后，应立即将患者送至有合适高压舱的医院。即使症状很轻微，也不应延迟运送。减压病需要在高压舱内逐渐加压，使气泡压缩，重新溶解于血液和组织中，受损组织的血液循环和供氧恢复正常。加压后逐渐减压，按一定指标停止加压，让残余的气体经过一段时间慢慢从身体排出。

（四）潜水病防治的注意事项

准备潜水的人应该由熟悉潜水知识的医生对是否适合潜水进行评估，排除以下禁忌：

1. 曾经接受过中耳手术或眼角膜手术。

2. 有肺部受伤病史，尤其是自发性气胸者。

3. 严重的肺部阻塞性疾病等。

专业潜水员应该进行另外的医学检查，如心肺功能、负荷心电图、听力和视力测试，以及骨 X 线检查。另外，适当的潜水训练也是绝对必要的。潜水者应该严格控制潜水的时间、深度和掌握有步骤分阶段减压法，避免潜水减压病的发生。

三、晕动症的识别与紧急处置

（一）晕动症的概念

晕动症是由于各种原因引起的摇摆、颠簸、旋转、加速运动等所致疾病的统称，即平时所说的晕船、晕车、晕机等。我国是世界晕动症发生率最高的国家之一，80% 的人都曾经经历不同程度的晕动反应。其发生机制，主要由于人体的不同感受系统（前庭、眼睛和本身感受系统）对于运动状态的感受信息不一致，产生了冲突。举个例子，当我们坐车时，我们身体感受到颠簸运动，可眼睛看着车内是相对静止的，耳朵里的前庭系统感受到不一样的信息，这时候大脑就接收了这些混合信息，产生冲突，身体就有头晕、恶心、呕吐等不适症状。

晕动症发生的诱发因素有疲劳、含酒精的饮料、各种药物、激动状态、失眠等。

（二）晕动症的典型临床表现

旅行者乘坐船、飞机、汽车等交通工具时，表现出头晕、头痛、恶心、呕吐、面色苍白、四肢冰冷等症状时，往往是晕动症发作，其症状在停止运动后十几分钟或几小时内减轻甚至消失。亦有持续数天后才逐渐恢复，并伴有精神萎靡、四肢无力。重复运行或加速运动后，症状又可再度出现。但经多次发病后，症状反可减轻，甚至不发生。

根据症状表现的严重程度可以分为轻、中、重三种。

1. **轻度** 轻度的头晕、头痛、稍有恶心感、面色稍显苍白、口水增多、嗜睡等。

2. **中度** 头晕、头痛加重、恶心、呕吐、面色苍白、冷汗等。

3. **重度** 严重的头晕、恶心、心慌、胸闷、冷汗淋漓、呕吐较严重、四肢冰冷，严重者可以出现脱水、呼吸困难、反应迟钝、濒死感、昏迷等。

（三）晕动症的现场救治

晕动症发作时，旅行者宜闭目仰卧。坐位时，头部紧靠在固定椅背或物体上，避免较大幅度的摇摆。环境要安静，通风要良好，保持空气流通，解开衣领、腰带等。可服用抗组胺和抗胆碱类药物等；有呕吐剧烈、脱水、低血压者，可适当补水；穴位按摩也可起到有效减轻晕动症症状的作用。

（四）晕动症预防注意事项

一般而言，预防晕动症发生的最佳方法就是脱离致病的运动环境，即停止乘坐交通工具的自然疗法。但现实生活工作中，人们离不开乘坐各种交通工具。高速运动的交通工具在恶劣的气候中，往往会剧烈颠簸，对人具有激惹性的运动刺激时有发生。因此晕动症的发生有时难以避免。旅行者完全可以采取一些措施使症状得到缓解，或创造良好的旅行环境预防症状的发生。

1. **保持放松** 出行时不要总想着会晕，尽量分散注意力，保持精神放松。

2. **保证睡眠** 睡眠充足，精神就好，可提高对运动刺激的抗衡能力。

3. 注意饮食 乘坐交通工具前应进食低脂、淀粉类食物，且不宜过饥或过饱，不要进食有强烈刺激性气味和味觉的食物，不要饮酒，吸烟。

4. 药物预防 在医生指导下，出行前至少30～60分钟服药以预防晕动症的发生。可在太阳穴涂些风油精、清凉油。口含陈皮、话梅等，鼻闻鲜姜、橘皮等也有缓解汽油味和抑制恶心的作用。

5. 穴位按摩 指压按摩内关穴（在前臂掌侧，腕横纹上2寸中间位置）可以有效地预防晕动症。

6. 舒适坐位 晕机的旅行者可以选择机翼或窗口的座位。晕船的旅行者可以选择在船的中间或底层甲板的舱内。晕车的旅行者避免坐在后座或面向后的座椅。不看书和玩手机等；若向外看时，不要看相对移动快速的参照物。

四、海洋毒素中毒的识别与紧急处置

（一）海洋毒素中毒的概念

中国海洋资源丰富，近年海洋毒素中毒频发，越来越引发关注。海洋毒素无色无味，主要由藻类或浮游植物产生，鱼类、贝类等海洋生物进食含有海洋毒素的微藻，会在组织内蓄积毒素，人们接触进食或接触这些海产品可造成中毒，导致脏器功能损伤，甚至死亡。

（二）海洋毒素中毒的表现

海洋毒素种类繁多，分布广，据估计有1 000多种，根据化学结构大致分为多肽类毒素、聚醚类毒素、生物碱类毒素三大类，这里列举几类常见毒素。

1. **河豚毒素中毒** 河豚毒素即河鲀毒素（tetrodotoxin，TTX）是鲀鱼类（俗称河豚鱼）及其他生物体内含有的一种多肽类毒素，分布于河豚的表皮、内脏、血液、睾丸、卵巢、肝、脾等不同组织中。河豚毒素的化学性质稳定，其毒性比氰化物强 1 000 多倍，一般烹调手段难以破坏，极易处理不当而发生食物中毒。河豚毒素毒理作用的主要是阻断神经和肌肉的传导。河豚中毒潜伏期一般都很短，短至 10~30 分钟发病，长至 3~6 小时发病，发病较急，来势凶猛，死亡率高。

河豚中毒临床表现：

（1）**胃肠道症状**：食后不久即有恶心、呕吐、腹痛或腹泻等。

（2）**神经麻痹症状**：开始有口唇、舌尖、指端麻木；随后全身麻木、眼睑下垂、四肢无力、步态不稳、共济失调、肌肉软瘫等。

（3）**呼吸循环衰竭症状**：呼吸困难、急促表浅而不规则，发绀、血压下降、瞳孔先缩小后散大、昏迷，最后呼吸心跳停止、死亡。

2. **西加毒素中毒** 西加毒素即雪卡毒素（ciguatoxin，CTX）的名字来源于西加鱼类，又称雪卡毒素，是一种聚醚类毒素，曾从 400 多种鱼中分离得到，但其真正来源是由一种双鞭藻岗比毒甲藻产生的。西加毒素毒性非常强，比河豚毒素强 100 倍，主要存在于珊瑚鱼如东星斑、老虎斑、红斑等内脏、肌肉中。

但西加毒素中毒通常不致命，也是世界上最常见的海鲜毒素。欧洲食品安全局（EFSA）表示，西加鱼毒素中毒是全球最常见的海鲜中毒，每年有 5 万~20 万人中招。

西加毒素中毒最显著的特征是"干冰的感觉"和热感颠倒，即当触摸热的东西会感觉冷，把手放入水中会有触电或摸干冰的感觉。西加毒素中毒后，需要很长时间才能将毒素排出，患者日后若再次接触雪卡毒素（西加毒素），就算进食很少的分量也会产生中毒症状。

西加毒素中毒临床表现：

（1）**胃肠道系统症状**：进食后 12～14 小时后发生，主要表现为恶心、呕吐、腹泻和腹痛。

（2）**神经系统症状**：包括手指和脚趾尖的麻木，局部皮肤瘙痒和出汗。

（3）**心血管系统症状**：包括血压低下，心率增快或减慢。

（4）**幻觉症状**：即身体失衡，缺乏协调性，幻觉，精神消沉或噩梦。

3. **刺尾鱼毒素中毒**　刺尾鱼毒素（maitotoxin，MTX）是由冈比甲藻类产生，经食物链蓄积于刺尾鱼体内的一类结构独特的生物碱类海洋毒素，是天然毒素最强的一种，其毒性强度比西加毒素高 2 倍。

刺尾鱼刺伤后可使周围组织发生严重的创伤反应，如出血、神经与肌肉损伤、局部感染等，也可使伤员出现神经系统、心血管系统和呼吸系统功能障碍。

（三）海洋毒素中毒现场急救

1. **河豚毒中毒的紧急救治**　河豚中毒目前无特性解毒剂，神志清楚轻症的患者，应立即饮水催吐，尽快把毒物排出，并及时转送医院抢救。重症患者，立即拨打 120 急救电话，如发生呼吸、心跳停止，立即进行心肺复苏，尽早转送医院救治。

2. **西加毒素中毒的紧急处置**

（1）**局部捆扎**：可在伤口上端扎止血带，防止毒液扩散，并可用拔火罐法吸出创口内毒素。

（2）**清创排毒**：应立即用冷盐水或无菌生理盐水冲洗创面。同时仔细查看创口内有无遗留的断毒刺，如有需拔除。

（3）**呼叫转送**：如症状明显，呼叫 120 急救电话，及时转送医院救治。

3. **刺尾鱼毒素中毒的紧急处置** 被刺毒鱼刺伤后,应立即用清洁的水冲洗创面,可在伤口近心端扎止血带,防止毒液扩散,用拔火罐法吸出创口内毒液,并尽快就医。

(四)海洋毒素中毒防治注意事项

避免这些海洋毒素最好的方法是注意不吃这些鱼类。

五、硫化氢中毒的识别与紧急处置

(一)硫化氢中毒的概念

标准状态下,硫化氢是一种无色、臭鸡蛋气味、酸性易燃气体,有剧毒。渔船内中毒事故常年可发,好发月份是5～9月。鱼舱内鱼虾或流入鱼舱底板内残留污水中的蛋白质在高温情况下易腐烂分解代谢产生大量硫化氢气体。由于鱼舱密闭性较好,硫化氢气体不易散出,从而形成高浓度硫化氢的中毒环境。硫化氢中毒易造成群死群伤,危害严重,病死率高达34%～42%。但不少船员对硫化氢中毒认识不足,心存侥幸,缺乏紧急救援与职业病防治相关知识。

(二)硫化氢中毒的临床特点

低浓度硫化氢接触,仅有呼吸道及眼的局部刺激作用,高浓度时全身作用较明显,表现为中枢神经系统症状和窒息症状。主要中毒表现包括:

1. **眼睛损伤表现** 大多数中毒患者都有眼刺激症状,主要表现为双眼刺痛、流泪、畏光、结膜充血、角膜水肿灼热、视力模糊等症状。

2. **呼吸系统损伤表现** 主要症状有流涕、咽痒、咽痛、咽干、胸痛、胸闷、咳嗽咳痰、呼吸困难、有窒息感。

3. **神经系统损伤表现** 接触较高浓度硫化氢后可出现显著的脑病变化，包括头痛、头晕、乏力及昏迷。接触极高浓度硫化氢后可发生电击样死亡。

4. **心血管系统损伤表现** 表现为不同程度的胸前区不适、胸痛、胸闷和心悸。

5. **消化系统损伤表现** 表现为不同程度的恶心呕吐、腹痛腹胀等症状。

（三）急性硫化氢中毒现场救治措施

急性硫化氢中毒现场救治应遵循"呼叫、防护、脱离、复苏、转运"等原则。

1. **呼叫** 发生事故后立即大声呼叫或报告，不能个人贸然去处理。同时应尽快拨打120急救电话。在拨打急救电话时应注意言简意赅，特别是讲清楚具体地点。

2. **防护** 佩戴适用的防护面罩，有2个以上的人监督。

3. **脱离** 进入船舱等事故现场，还需携带安全绳（带），迅速把患者脱离现场至空气新鲜处，解除受污衣物。

4. **复苏** 迅速评估患者呼吸、心跳等生命体征。对于呼吸、心搏骤停患者应在脱离现场后立即进行心肺复苏。

5. **转运** 120急救中心专业救护人员到达现场后继续心肺复苏，并及时转运至医院继续抢救治疗。

（四）渔船急性硫化氢中毒防治的注意事项

根据渔船等水路交通急性硫化氢中毒情况，提出以下防控策略：

1. **广泛宣传** 要利用媒体开展多种形式的防范硫化氢中毒和急救安全知识宣传，加强渔船船主和渔民的安全教育和急救培训。

2. **落实责任** 在鱼舱和舱盖上标明中毒警示标志，配备如防护面罩、安全绳、报警仪等安全防护用品，并做好防护设施以及用品的维修与保养。建立防范急性硫化氢中毒安全制度，落实安全操作规范，特别是进鱼舱前，要采取强制通风等有效措施降低硫化氢气体浓度，进鱼舱时佩戴好防毒口罩，落实操作安全。

3. **加强监管** 加大对渔船等的日常监管力度，对检查中发现的问题要限期整改，排查隐患。

4. **完善救援体系** 有关部门应完善救援体系，制订应急预案并开展应急演练。

六、低体温的识别与紧急处置

（一）低体温的概念

低体温是机体长时间暴露于低温环境引起的体内热量大量丢失，此时全身新陈代谢功能降低，不能产生足够的热量，无法维持正常体温。低体温时人体核心温度意外地低于35℃，会严重影响全身多个器官功能。意外性低体温是人类在海上和其他寒冷环境中作业时面临的主要危险之一。严重的意外低体温多发生在气温突然降低、暴风雪袭击、海上或高空失事、堕入冰水等意外事件中。在寒冷地区野外迷路、饥饿、疲劳、酗酒、穿着单薄或身体虚弱等情况下也偶可发生低体温。

（二）低体温的分类及临床表现

低体温按核心温度（以口腔、直肠温度为准）的分类：

1. **轻度低体温** 核心温度32～35℃，人体会有反馈机制，比如会打寒战、哆嗦、起鸡皮疙瘩、皮肤血管收缩、心率加快，这些反应会促进机体代谢加快，产热增加，促进体温回升。

2. **中度低体温** 核心温度 28～32℃，超出了人体可以自我调节的范围，寒战也会消失，产热变少，心率减慢，血压降低，人的意识就会出现问题，反应慢或嗜睡，这种情况特别危险。

3. **重度低体温** 核心温度＜28℃，昏迷、呼吸心跳停止、室性心律失常、各种身体反射消失。如果没有及时发现、救治，就有可能危及生命。

（三）低体温现场救治

低体温现场的救治原则：呼叫、脱离、评估、复温、转运

1. **呼叫** 患者或目击者应立即呼叫，尽量取得同伴的帮助，并立即拨打120等急救电话请求援助，特别要注意告知出事地址。

2. **脱离** 发现患者溺水、冻伤等情况，应立即使其脱离寒冷环境，迅速移至安全温暖的环境。

3. **评估** 评估患者神志、呼吸、心率、脉搏等生命体征状态，在援助时要注意，如果神志不清或动不了，挪动身体时要尽量轻一点，避免加重损伤。如果出现昏迷、心跳呼吸停止等严重情况，应立即心肺复苏。如有外伤，在抢救的同时还应实施止血、包扎等。

4. **复温** 尽早保暖，采取复温措施，防止体温继续下降。不要大范围搓揉皮肤，可以让患者喝热水、热饮、热糖水或者吃糖块。保持干燥才能保命。如果带了备用衣服，要赶紧裹住身体或先用毛巾把身上的水擦一擦，换掉湿衣服，再换上干燥的衣服。这很重要。如果能轻微走动更好，可以促进体温回升。患者体温在32℃时，可用毛毯或被褥裹好身体，并可使用热水袋或水壶，使其逐渐自行复温。患者体温低于31℃，应用热风或44℃的热水袋温暖全身，更积极的办法是将其浸泡于40～44℃的水中泡浴。

5. **转运** 如有条件应及时尽快转运送至医院进一步救治。

（四）低体温防治注意事项

1. 加强认知 对低体温的危害、早期症状，以及救治预防措施要有足够的认识。

2. 做好保温 外出时特别是乘坐水路交通工具，注意天气预报，提前做好保温准备。进行运动量特别大的、失液失水失能量的户外活动（如长跑、登山等），随身要带一些防冷保温的物品，准备足够的能量补给来源。

3. 防止意外 潜水、登山、越野跑等户外运动避免落单，如果迷路，避免惊慌和其他消耗能量的活动，防止溺水等意外事件发生。

4. 及时求救 了解自己的运动极限，避免透支，发生意外时及时求救，取得必要的救援支持。

七、脱水的识别与紧急处置

（一）脱水的概念

对于人体来说，水是仅次于氧气的重要物质。水是机体正常代谢所必需的物质，正常情况下身体每天要通过皮肤、内脏、肺以及肾脏等排出 2 000 多毫升的水，以保证毒素排出体外。脱水是指人体内水分的输出量大于进入量所引起的各种生理或病理状态，严重时会造成虚脱，危及生命。

（二）脱水的原因

乘坐水路交通工具常见的脱水原因：

1. 水丢失过多 高温大风天气，拥挤、闷热、嘈杂的船舱环境，严重的晕船症以及精神焦虑状态等，都会导致大量出汗或呕吐等，使得水分丢失过多。

2. **水摄入不足** 乘坐水路交通，特别是航海，淡水资源相对紧缺，甚至水源断供，如果发生意外伤害饮水困难的，更容易导致水摄入不足。

（三）脱水临床表现

根据脱水程度及临床表现，可分为三度：

1. **轻度脱水** 失水量占体重的2%～3%（小儿2%～5%），仅有一般的神经功能症状，如口渴明显、头痛、头晕无力、皮肤弹性稍有降低。

2. **中度脱水** 失水量占体重的3%～6%（小儿5%～10%），脱水的体表症状已经明显，出现精神萎靡或烦躁不安，口唇黏膜干燥，皮肤苍白，皮肤弹性差，并开始出现循环功能不全的症状，如心率加快，尿量明显减少。

3. **重度脱水** 失水量占体重的6%以上（小儿10%～15%），前述症状加重，精神极度萎靡，血压下降，甚至出现休克、昏迷。

在脱水时，水和电解质均有丢失，但不同病因引起的脱水，其水和电解质（主要是钠）丢失的比例可不同，因而导致体液渗透压的不同改变，可分为等渗性脱水、低渗性脱水和高渗性脱水三种，其中以等渗性脱水最常见。

（四）脱水的现场救治

脱水现场救治原则：防止水的进一步丢失，尽量补充缺失的水，及时转运。

1. 立即撤离高温环境，迅速将患者转移至阴凉通风处，保持安静。

2. 评估患者脱水的程度，补充缺失的水分。轻度脱水者，可以口服分次补水；中重度脱水者，需静脉输液。

3. 如病情危重，及时联系急救，转运至医院进一步救治。

（五）脱水的预防措施

乘坐水路交通工具时需事先做好预防措施，特别是旅途中淡水资源难以获得时，要防止脱水情况的发生。

1. 评估身体状态，如有严重晕船症或急性疾病状态时，尽量避免水路出行。

2. 根据旅途时间，准备必要的水、饮料，以及含丰富水分的食物。

3. 旅途中注意及时主动补水，少量多次饮水。

4. 乘船时，遵守安全制度，不嬉戏打闹，以免造成外伤、落水事故。

5. 高温、大风天气，减少活动，待在阴凉的船舱内，防止汗液大量丢失。

（支绍册）

第五章 航空运输职业安全与防护

第一节 空防安全类事件应对与防范

一、非法干扰事件

（一）非法干扰的概念

非法干扰是指违反相关航空安全规定，产生或有可能产生危害民用机场、航空器运行安全或秩序和航空运输参与者生命和财产安全的行为。这些事件包括但不限于：劫持或破坏航空运输器材及机场设备；胁迫机组人员；有预谋携带武器或爆炸装备进入航空运输器材或机场；散布虚假信息危及航空运输参与人员、旅客、大众人身及财产安全等。

非法干扰事件发生时可以造成恐慌、骚乱等危害，可以引发坠机、爆炸、坍塌等重大危险，也可以导致缺氧、冻伤、砸伤、摔伤、烧烫伤、火器伤等全身各个部位损伤，也有可能引发某些基础疾病的患者突发高血压、心肌梗死、心律失常、哮喘、过敏等急症。

（二）非法干扰事件的处理原则

1. **安全优先**　处置的第一原则就是最大限度地保护国家安全、人员安全，在特定条件下，可以选择用较小的损失来避免更重大的危机发生。

2. **迅速果断**　成立非法干扰事件危机处理领导小组，统一协调安排快速反应部队及相关专业人员优化组合，紧密配合。果断行动，以最小的代价获取最大的战果。

3. **力争在地面处置**　在地面发生非法干扰事件，应该尽量避免起飞，在空中发生则应该尽量争取在降落着陆的情况下进行处置。

（三）非法干扰事件相关人员伤害的紧急救治

1. 救治原则

（1）**判断救治环境安全：**救治受伤人员的时候必须要保证救治者及被救治者都处于安全环境，或尽快将伤者转移至安全环境才能开始救治。

（2）**快速救治有希望的伤者：**在大规模群死群伤事件发生时，救治伤者的时候要迅速筛选出有救治希望的患者，果断放弃没有救治希望的伤者。否则，在抢救资源很稀缺的时候，很容易导致"没希望的没救活，有希望的没得救"的尴尬境况。

（3）**统一协调，统筹安排：**在大量伤病者出现后，应该立即成立应急救援小组，全局进行有效合理的组织协调，统一调配抢救物资，统筹安排，避免医疗资源"挤兑"现象。

2. **现场处置**　非法干扰事件最容易因为暴力冲突导致外伤，因为致伤因素的不同，可能会出现全身任何部位的刺伤、割伤、摔伤、砸伤、碾压伤、离断伤、烧烫伤、冻伤、爆震伤、枪伤、化学伤、复合伤等。因此救治过程中要达成三个目标：治疗伤者，防止二次附加伤以及完成救治过程。

（1）**安全分区**：在非法干扰事件中救治伤者的时候，根据事件大小的不同，往往伴随着交战、破坏等风险同时存在。所以，根据距离战斗中心的距离、威胁级别，我们将救治区域划分为三个分区：热区、暖区和凉区，这些分区将决定给予伤者不同程度的医疗救助，来保障伤者获得最佳的风险获益比例（图5-1-1）。

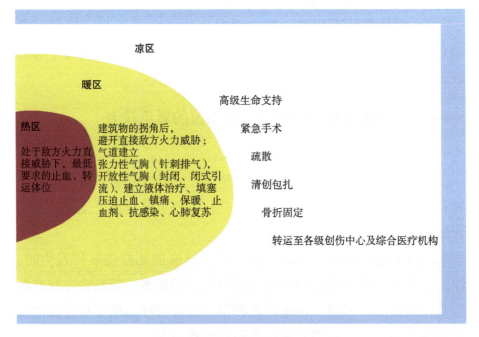

图 5-1-1　非法干扰事件救治安全分区

热区是指在交战双方的火力覆盖之下的区域，在这个区域救护人员以及伤者均暴露在交战火力的有效攻击之下。所以，在这个区域进行开放气道和人工通气都是难以维持的，脊椎固定和心肺复苏也无法实现，这个区域的重要救治任务就是转移伤者到安全区域，在转移的过程中使用最简单快捷的方法有效止血。止血的方法常规选用战术止血带在肢体出血部位的近心段，确定大动脉较浅表的位置进行加压捆绑。

暖区是指救护人员和伤者仍存在对方火力威胁的风险，但是已经脱离火力直接覆盖的区域，一般处于交战火力不能覆盖的建筑物的角落。这个区域的救治主要集中在建立有效的气道管理，解决张力性气胸和开放性气胸。在这里可以将战术止血带更换为填塞压迫止血，快速注射止痛药品，建立静脉通路（骨髓腔穿刺输液是战时难以建立静脉通路的第一选择），给予保暖预防低体温，条件允许时可以给止血剂和抗生素。

凉区是安全的区域，远离战斗中心，没有安全威胁。这个区域可以接近正常的救治流程进行救治，包括将伤者转移到创伤中心途中的高级生命支持。

（2）救治流程：按照 A、B、C、D、E 的步骤对受害者进行评估及救治。

A（airway）：也就是保持气道通畅和颈椎保护。气道通畅是伤者救治的首要因素，因为如果气道不通畅，伤者会在最短的时间内因为缺氧导致不可逆的伤亡。打开气道时应常规考虑伤者是否存在颈椎损伤，在不能明确一个受伤者是否存在颈椎损伤的时候，应该一律按照颈椎损伤进行保护。采用托颌法开放气道（参考本书第一章相关内容），避免二次损伤。打开气道后如果发现伤者口腔气道内有异物堵塞，可以在做好手保护的准备后，用右手食指沿着伤者口腔内颊伸入，清除气道异物。

B（breathing）：也就是呼吸状况的评估和处置。打开气道后，要评估伤者的呼吸状况：如果在开放气道的情况下，发现伤者无自主呼吸，则需要进行口对口人工呼吸（具体见本书第一章相关内容）；如果看到伤者的胸腔上有破口且在呼吸时破口处有明显的气流声音，应该第一时间用无菌纱布（如果没有无菌纱布的情况下也要用尽可能干净的纺织品）填塞伤口，用绷带进行加压固定包扎；如果看到伤者的胸部在呼吸时有"反常呼吸"，也就是在吸气时，看到大部分胸廓扩张的同时有局部胸廓部分下陷，而在呼气同时，可看到在大部分胸廓回弹收缩的同时，有局部的胸廓部分膨出，这时候需要立即用纱布或其他干净的纺织品填塞这块"异常"区域，并用绷带加压固定防止松动；如果发现伤者胸廓完整，也没有"反常呼吸"，但是伤者仍有呼吸急促、气短、发绀，经过专业培训的救护人员可以通过听诊、叩诊和判断气管偏移等查体手段判定是否发生了张力性气胸，对确认存在张力性气胸的伤者，应该先用粗针头在气胸侧穿刺，释放胸腔内过高压力，及时送医治疗。

C（circulation）：维持伤者血压和循环。发现有持续的活动性出血，要先进行物理压迫止血控制出血，在有条件的时候可以建立骨髓腔输液或者静脉穿刺输液。在紧急状况下，可以选用战术止血带对出血肢体近心端进行加压捆扎止血，当顺利将伤者转移到凉区后，可放松更换止血带并妥善止血。有条件时，建立骨髓腔通路或者静脉通路，给予止血剂促使损伤血管收缩并给予抗纤溶药物，通过静脉或者骨髓腔补液（选择晶体液或者羟乙基淀粉电解质溶液）或者输入等比例 O 型红细胞、AB 型血浆及血小板，维持收缩压在 85mmHg 左右。

D（disability）：意识状况和神经功能评估。

伤者出现意识障碍要考虑到可能是呼吸障碍引起的缺氧性或者有效循环血容量不足引起的休克性意识障碍。所以，应该先对气道、呼吸及循环再次进行评估，排除呼吸、循环障碍的影响后，再考虑颅脑损伤引起的意识障碍。如果伤者有明确的脑外伤病史，经过短暂的意识障碍后清醒，一定要警惕硬脑膜外血肿的风险，应及早送至医院救治。

E（exposure and environmental control）：暴露与环境控制。在

对伤者进行了A、B、C、D四步评估与处置以后，一定要对伤者进行全身暴露，仔细检查全身状况，防止有一些遗漏的重要问题未被及时发现，比如：背部的刺伤，胸腰椎的损伤等。

在暴露全身状况的时候，有几个关键性问题一定要重视：首先，在暴露背部的时候一定要多人协作，对伤者进行轴位翻身，防止在翻身时损伤脊椎，引起截瘫、呼吸心跳停止等二次损伤；其次，发现有背部活动性出血，应立即进行填塞止血，并进一步评估深部脏器血管损伤可能。另外，伤者大量丢失血液，输注常温液体，暴露检查评估，这些因素都会导致其失温，而低体温又会加重凝血障碍，低体温和凝血障碍再加上酸中毒会导致死亡风险大增。所以，在伤者救治的过程中应尽最大可能保持其正常体温，方法包括：减少失血和输液的量，输注加温后的液体，在相对密闭的空间内打开伤者衣物、全面检查评估，通过棉被、体外加热装置来保暖等。

（四）非法干扰事件相关人员伤害处置注意事项

在救援人员对伤者进行评估与紧急处置后，还有一些关键性的问题需要引起充分的关注，这些问题发生率高，致残致死的可能性大。

1. **挤压综合征** 挤压综合征是指由肌肉组织受到挤压破坏，引起大量有害物质如乳酸、钾、肌红蛋白等在挤压解除后瞬间释放入血，导致伤者全身情况的急剧恶化，甚至死亡的情况。这可能是为什么严重挤压伤的受害者可以被困数天，当救援人员到达时，他们看起来很稳定，但获救后不久解除挤压后情况就恶化，发生心搏骤停的原因。因此，面对长时间受压被困而情况稳定的伤者，不可贸然帮伤者解除压迫，可适当给予补给，等待专业救援人员的到来。

2. 呼吸道损伤 另一个需要特别关注的问题是灰尘和呼吸道污染。一项资料表明，参与世贸中心恐怖袭击救援工作的 10 116 个纽约消防队员中，90% 出现急性咳嗽伴有鼻塞、胸闷、胸痛等症状，随后的 6 个月里，322 名消防队员因剧烈咳嗽需要请 4 周以上的病假。因此，对于倒塌建筑物大量粉尘环境中的伤者，应该常规评估气道是否有烧伤或接触有害物质的迹象。在抢救过程中，需要监测患者的气道，尤其有声音嘶哑、呼吸困难的患者，应注意喉头水肿和紧急行气管插管的可能。

3. 低体温 低体温也是救援中一个需要特别关注和应对的常见问题。相关处理见本书第四章相关内容。

二、恐怖袭击事件

（一）恐怖袭击事件概念

航空运输行业中恐怖袭击事件与非法干扰事件在很大程度上有相似之处，恐怖袭击与非法干扰事件相比较而言，恐怖分子更加疯狂，不以利益交换为目的，破坏性更强，经常采用大规模杀伤性武器针对平民进行残杀，攻击交通枢纽、通信中心等来制造恐慌。比如：自杀式炸弹袭击，使用炭疽杆菌等生物武器、化学毒剂等，劫持飞行器撞击军事或者民用目标，使用核或者辐射武器等。

（二）恐怖袭击后危害评估

在对恐怖袭击进行医疗救助时，要对袭击造成的灾难程度以及其所在的地域的医疗资源进行充分评估，需要跨地区的医疗援助介入的，合理分配医疗人员及物资，疏散伤者。在恐怖袭击发生之后，第一时间借助于毒物分析、核污染管控、生物污染隔离消杀的专业人员对危害的状况进行分析，提出应对方案，由专业人员联合军队、警察、消防及各级紧急应对人员对化学毒物、细菌及核污染进行净化。如果不能实现净化，应急规划小组应该进行危险脆弱性分析，预测最有可能发生的危险事件，并做出相应对策。

（三）恐怖袭击的救治策略

在恐怖袭击发生后进行医疗救治时，因为受害者数量巨大，这时会选择简单分诊快速治疗，这种策略会利用呼吸、循环和意识状况对受害者进行简单的快速的分类治疗，所有能行走的受害者都被要求离开现场，而更紧急的危重受害者会被进一步评估救治。

1. **恐怖袭击后救治资源分配原则** 受害者人数过多，初始医疗资源有限或者甚至就没有，受害者容易集中在最近的医院寻求治疗，造成距离事发现场很近的医院人满为患。为了解决这种问题，灾害救治分诊将受害者分为三类：无论接受多少治疗都会死亡的患者，无论是否接受治疗都会存活的患者，以及在战地医院进行干预后将会获得很大收益的患者。只有那些预期会改善的受害者才能得到相对集中的救治资源。例如，有三个受害者需要闭式引流治疗，其中两个人每人需要一根胸腔闭式引流管，另一个需要两根胸腔闭式引流管，但目前的医疗资源只有两根引流管可以用，分诊原则会指导医生将最后的两根引流管置入两个受害者胸腔，而不是将两根引流管置入那个需要两根的受害者的胸腔。在分诊过程中，应该把能从早期转运获益的人标记出来优先转运，以避免错过最佳疏散机会。

2. **危害性恐怖袭击后的应对重点** 因为核、生物、化学恐怖袭击已经成为一种多发威胁，进行评估时，要穿戴合理的个人防护装备，来预防分诊评估人员的暴露和污染（见本书第六章相关章节）。恐怖袭击往往伴随出现大量创伤后压力心理障碍的受害者，应急分诊应该对这类受害者进行分类，且提供心理健康疏导治疗。另外，在应急分诊时，应充分考虑老年人、婴幼儿、孕妇以及有多发基础疾病的受害者，将这类受害者分诊到治疗区，通过适当的干预可以节约大量的医疗资源。如果在被分诊到观察区的人员里有医护人员，可以将他们征集进入救治团队，来提高救治效率。

3. 恐怖袭击后紧急应对的原则

（1）**灾难应急区域的划区**：指挥所，包括总指挥和各级负责人（包括特别行动小组、计划参谋处、后勤通信处以及财务部）；集结区，为准备进入事故现场的人员和设备设立的区域；安全着陆区，为空中救援和疏散设立的区域；伤者集中区；以及停尸房。

（2）**灾难应急管理**：事故总指挥对事故负有全面管理责任。事故总指挥可以选择任命一名指挥人员来处理公共信息、安全以及跨部门的联络。当一个事件涉及多个不同管辖区时，就会建立一个统一的指挥系统，制订一个共同一致的行动计划，才能最佳地利用现有资源。

特别行动小组有一名主管，负责管理所有突发救助活动，这个部分可以扩展并细分为多个部门（例如，消防和医疗），所有医疗分诊和护理都在特别行动小组的指挥下进行。

后勤通信处负责提供支援设施、服务、物资等。这包括采购设备和用品、提供粮食和医疗支助以及满足运输需求，同时建立前线通信中心，提供统一的指挥信息建设。

（王军）

第二节 事故灾难事件应对与防范

一、航空器紧急事件

航空器紧急事件是指航空器运行阶段或机场内发生航空器损害、人员伤亡或者其他影响飞行安全的情况，主要包括航空器失事、航空器空中故障、航空器与航空器相撞、航空器与障碍物相撞等。大家一起了解一下这类事件专业的应对流程：

（一）发布指令

由机场应急救援指挥中心向机场应急救护机构发布应急救护指令，启动机场应急救护预案。

（二）传递指令

机场应急救护机构收到指令后，应详细记录事件发生的性质、地点、航班号、机型、机号、机组/旅客人数、伤情、危险品等相关信息，并立即启动本机构应急救护预案。与机场应急救援指挥中心建立并保持联系，组建相应的现场应急救护组织。医疗指挥官根据突发事件现场情况，做出是否向当地卫生行政管理部门请求支援的决定，并报机场应急救援指挥中心批准。经批准后，向当地卫生行政管理部门通报突发事件情况，请求组织支援并明确集结地点。

（三）执行指令

1. **原地待命指令** 首批医护人员、应急救护首车以及必要的设备、器材、药品应立即处于待命状态，做好随时出动准备，并确保各应急通信渠道持续畅通。根据应急救援需要，其他应急救护人员、车辆、设备、器材、药品应以最短时间处于待命状态。

2. **集结待命指令** 应当确保各应急通信渠道持续畅通，首批医护人员应携带必要的设备、器材、药品在 2 分钟内出动，乘坐应急救护首车或以其他方式，在保障安全的前提下，以最短时间到达集结地点。根据应急救援需要，后续应急救护人员、车辆、设备、器材、药品应当以最短时间到达集结地点。

3. **紧急出动指令** 应当确保各应急通信渠道持续畅通，首批医护人员应携带必要的设备、器材、药品在 2 分钟内出动，乘坐应急救护首车或其他方式，在保障安全的前提下，以最短时间到达事故救援地点。根据应急救援需要，后续应急救护人员、车辆、设备、器材、药品应当以最短时间到达事故救援地点。

（四）现场应急救护流程

1. **划定现场应急救护区域及标识** 现场应急救护区域应当设置在突发事件现场上风向 90 米以外，确保避免遭受继发事件危害，同时环境便于实施医疗救治、周边建有安全通畅的转送通道。

（1）**医疗指挥组：**应当设在便于指挥和联络的位置，并设置标有机场应急救护行业标志和"救护指挥区"字样的白底红字标识旗。

（2）**检伤分类区：**应当设置在应急救护工作的起始位置，应当在保证安全的前提下尽可能接近现场，并且应当根据情况设置分区，现场检伤，并设置标有机场应急救护行业标志和"检伤分类区"字样白底红字标识旗。

（3）**现场救治区：**应当设在检伤分类区和现场转运区之间，位置相对集中，应设置标有机场应急救护行业标志和"现场救治区"字样白底红字标识旗，能够醒目提示机场应急救护救治的位置。

（4）**现场转运区：**是用于登记、再次检伤处置和转运疏散各类伤者的区域，应当选择便于伤员运送、车辆停泊等待和迅速驶离的道路旁，位于救治区和转送通道之间。设置标有机场应急救护行业标志和"现场转运区"白底红字标识旗。

2. 应急救护程序的信息化 按照 GB 18040—2019 的要求配备伤情识别标签，并对伤情分类、现场救治、转运后送等应急救护程序建立信息化处理机制，进行电子扫码等信息电子化记录、留存、统计。伤情识别标签分 4 级，分别为：Ⅰ级：第一优先，立即救治；系挂红色标签；Ⅱ级：第二优先，稍缓救治；系挂黄色标签；Ⅲ级：第三优先，伤情观察；系挂绿色标签。0 级：已死亡；系挂黑色标签。

3. 现场救治与保障 当伤亡人员从航空器残骸中移出后，由担架搬运组将伤亡人员从突发事件现场搬运到检伤分类区。现场救援人员应当指引轻伤人员前往现场救治区，将未发现伤情的人员和精神创伤人员指引、撤离至指定的安全区域，由航空器承运人或其代理人进行妥善安排，尽快撤离现场。现场救治组按照"先救命后治伤，先重伤后轻伤"的救治原则，对伤员进行紧急救治，在伤情识别标签上标记伤情处置信息，持续观察各类伤员伤情变化，及时调整伤情类别，对检伤分类后判断无法在现场处置的伤员应当优先调配转运资源（包括空中转运资源）以最快速度离场转运到有能力医疗机构进行处置。

物资保障组在接到集结待命指令后，立即将现场应急救护药品、器材、物资等装载到运输车辆，做好出动的准备（条件具备时，可将相关物资装载在运输车辆上，便于随时出动）；卫生防疫执行国家有关卫生防疫处理程序和措施的规定，对突发事件现场进行疾病预防控制，组织并实施突发事件现场和救护场所处置过程。

4. 撤离 突发事件现场伤员救治、转送完毕，医疗指挥官向机场应急救援指挥中心报告，请示撤离现场；接到撤离现场指令后，通知现场各应急救护组撤离；根据机场应急救援指挥中心和现场需求，可安排留守人员和车辆。所有参与应急救护的人员应当最大限度地保护突发事件现场，并全面、如实地向事故调查机构提供现场信息。

二、火灾

飞机一旦发生火灾，会给机上所有人员的生命安全造成直接威胁。在扑救飞机火灾时，消防人员必须确立以救人为主，灭火为救人创造条件的指导思想。在战术上实行救人与灭火同步进行，冷却、破拆、排烟并举，主要灭火剂与辅助灭火剂联合使用，以最快的速度，最大的喷射量向燃烧部位和危险区域喷射的方法，一举消灭火灾。

（一）飞机起落架火灾的扑救

起落架装置是飞机的重要组成部分，它的任何部位发生火灾，都足以引起一场严重的飞机火灾事故。最危险的是危及油箱或造成飞机翻倒，使火势蔓延到整个机身。扑救起落架火灾时，应在飞机停稳以后进行。起落架火灾的发展一般需要经过三个阶段：

1. **过热发烟阶段**　由于飞机机轮在维修时装有新的刹车垫，机轮上附着残油，或紧急刹车制动被卡等原因，使机轮或轮胎在摩擦过程中产生高温，引起轮胎橡胶的热分解或易燃液体受热冒烟，有燃烧的可能。其扑救的具体方法是：

（1）准备好干粉和水枪，并时刻严密观察，一旦发现起火，便立即喷射；

（2）如果烟雾逐渐减少，应让机轮或轮胎自然冷却，避免发热的机轮或轮胎急剧被冷却，特别是局部的冷却，可能引起机轮或轮胎的爆炸；

（3）如果烟雾增大，可用雾状水流断续冷却，避免使用连续水流，更不可用二氧化碳冷却。

2. 局部燃烧阶段 局部燃烧阶段，燃烧比较缓慢，火焰不大，热量不十分大，但能够在短时间内使整个机轮或轮胎全面燃烧，使轮胎报废，并将对机身和机翼下部形成威胁，有引起机身和机翼火灾的可能。其扑救的具体方法是：

（1）用干粉迅速扑灭火焰；

（2）用雾状水流冷却受火势威胁的机身或机翼下部，以及其他危险部位；

（3）同驾驶员或机械师商量，快速撤离机上所有人员；

（4）清理出在轮轴方向的安全地区；

（5）灭火后用雾状水流对机轮或轮胎进行均匀的冷却，预防复燃。

3. 完全着火阶段 除上述原因外，由于液压油的外泄，造成起落架完全着火，这时的火势猛烈，辐射热强，对机身或机翼的危险性更大，要求消防人员在最短的时间内将其扑灭。其扑救的具体方法是：

（1）用大剂量的泡沫与干粉联用进行扑救；

（2）迅速撤离机组人员和乘客；

（3）用泡沫冷却机身下部或机翼；

（4）清理出在轮轴方向的安全地带；

（5）随时准备应对火势蔓延和其他情况。

4. 灭火注意事项 由于制作起落架的材料较多，且燃烧特性不同，因此在扑救时，应注意以下几个方面的事项：

（1）**接近方法：** 消防人员应从起落架前方或后方小心地接近，绝对不能从轮轴方向接近，并做好个人防护。

（2）**危险区域：** 当轮胎着火或轮毂处于高温时，轮毂容易爆炸，其爆炸方向为沿轮轴方向向外。因此，在轮轴方向长180米，沿轮轴方向左右45°角的范围内为危险区域，不准任何人进入。

（3）如果有可能，通过锁定销将减震柱锁定。

（4）在起落架下面，如发现有渗漏的油品，应用泡沫全部覆盖，以防起火燃烧。

（5）液压油管漏油时，应将漏口塞住或把液压油管拆弯，从而有效地止住漏油。

（6）**对镁火的扑救：**镁在刚起火时可用"7150"或"1301"灭火剂扑救。若大量含镁金属起火可用强大水流加以控制；对小规模的镁火，可以用砂土控制和扑救；特别注意不能用二氧化碳和以碳酸氢钠为基料的干粉进行扑救。

（7）**机上人员的撤离：**应朝上风沿机身方向离开。当起落架还在燃烧时，切不可进入危险区域。撤离应选定前和后舱门。为了保障撤离人员的安全，应有专人看管危险区域，防止误入而发生意外，造成不必要的伤亡。

（8）如果只有轮胎着火，可用二氧化碳和喷雾水流扑救。喷洒雾状水每隔30秒喷一次，每次喷5～10分钟。

（9）对于流淌油火和液压油起火，可用干粉扑救。

（二）飞机机翼火灾的扑救

机翼内载有大量的航空燃料，发生火灾后燃烧猛烈，火势迅速向机身蔓延，并能够在短时间内烧毁机翼，引起机翼内燃油箱发生连续爆炸，使大量燃油泄漏到地面流淌燃烧，并迅速包围机身，对飞机起落架，机身及其内部人员威胁严重。灭火与疏散机内人员同步进行，冷却保护机身，抢救旅客疏散为先，采用上风冲击、两翼外推阻挡火焰，干粉、泡沫联用围机灭火。

1. 一侧机翼根部起火 使用两辆主战消防车灭火，冷却机身使其不受热辐射的影响,由机翼根部向外推打火焰,防止火焰烧穿机身,保护机内人员由机身前舱和后舱安全撤离;干粉、泡沫联用夹击灭火。

2. **一侧发动机部位起火** 用两辆主战消防车,干粉、泡沫联用向机翼末端推打火焰,夹击灭火,保护机身,掩护机内人员迅速由机身外一侧迅速撤离飞机。

3. **两侧机翼全部起火** 用3辆主战消防车停在机身前舱两侧,采用干粉,泡沫联用上风冲击火焰,将火焰向机身外或机翼后推打,同时用泡沫覆盖冷却保护机身,防止火焰将机身烧穿。掩护机内人员从前(后)舱门迅速撤离到上风向安全地带。

4. **尾翼起火** 主要是由发动机火灾引起尾翼燃烧,火势向前部机身蔓延。用2辆主战消防车停在飞机前方一侧,喷射泡沫冷却机身,控制火势由后向前蔓延,采用泡沫、干粉联用向尾翼冲击灭火,抢救机内人员从前舱门撤离飞机。

(三)飞机发动机火灾的扑救

发动机是飞机的关键组成部件,通常安装在发动机吊舱、机舱尾锥,机身腹部或机身底部和侧面。发动机内部发生火灾,会使飞机瘫痪或从空中掉下来,消防人员在扑救发动机内部的火灾时,应根据发动机的不同类型采取不同的扑救方法。

1. **发动机内部起火** 内部燃烧时,排出的火焰颜色呈灿烂蓝色,带有高温气柱,除非在相对湿度70%或更大时,几乎看不见烟。在推力消失时,发动机内部燃烧的残余物(如橡胶垫片和毡纤维垫片)能产生一阵黑烟,但在某些情况下,残留物质会继续慢慢地燃烧2~3分钟,在管嘴内产生小的火焰。当发动机内部燃烧时,因为其内部燃烧室耐热性良好,持续几分钟的极高温度,机体才能燃烧起来。在这种极高温度下,其内部一般早已完全毁坏,若发动机体尚未着火就不需要抢救。如果火包围了发动机，使发动机体燃烧，可用水和泡沫有效地控制其周围的火，防止火势向机身外等部位蔓延，因为燃料本身含氧化剂，短期内会剧烈燃烧，一时不可能扑灭这种火。

2. 对钛火的控制 有些发动机的零部件含有钛的成分。如果着火，使用普通的灭火剂一般是扑不灭的，其处理方法是：如果含钛部件着火被封闭在吊舱内，应尽可能让它烧完。只要外部没有可被火焰或炽热的发动机表面引燃的易燃蒸气混合气体，则这种燃烧不至于严重地威胁飞机本身。用泡沫雾状水喷洒覆盖吊舱和周围暴露的飞机结构。

（四）飞机机身舱内火灾扑救

机身内部发生火灾，将直接对机身内部人员的生命造成危害。消防人员应把营救机身内部人员脱险作为首要任务完成，灵活运用冷却降温、阻截控制、破拆排烟、抢救疏散、内外夹攻、多点进攻、灌注灭火剂等战术。

1. 机身尾部客舱发生火灾

（1）消防员从中部舱门攻入机身内部，用雾状水阻截火势向中部客舱蔓延，抢救乘客和机组人员从前、中部舱门和应急出口撤离飞机，疏散到安全地带。

（2）打开尾部舱门或打碎舷窗进行排烟，以降低舱内烟雾浓度和温度；同时，在打开的舱门或舷窗开口处布置水枪，阻击火焰从开门向机身外部蔓延。

（3）用泡沫覆盖或用开花水流喷洒机身外部受火势威胁较大的危险部位。

（4）在控制住火势向中部客舱蔓延的同时，消防员从尾部舱门突破烟火封锁，强攻进入尾部客舱，中部客舱水枪手与之形成合击。在舷窗间的水枪手，应将水枪从舷窗口伸入客舱内部，与内部水枪手协同配合，打击火焰消灭火灾。

2. 机身中部客舱发生火灾

（1）消防员同时从前舱门和尾舱门攻入机身内部，用雾状水控制火势向前部客舱和尾部客舱蔓延，掩护乘客和机组人员从前舱门和尾舱门撤离飞机，疏散到安全地带。

（2）在下风向距机翼较远的部位打碎舷窗进行排烟，并从舷窗口伸入水枪，多点进攻打击火焰，配合内部水枪手消灭火灾。

（3）进攻灭火的同时，应采用泡沫覆盖或开花水喷洒的方法冷却机身下部机翼，预防高温辐射引起机身和机翼处的燃油箱发生爆炸。

3. 机身前部客舱发生火灾

（1）消防员从前舱门和中舱门攻入机身内部，用雾状水控制火势向驾驶舱或中部客舱蔓延，抢救乘客和机组人员从中、尾舱门和应急出口撤离飞机，疏散到安全地带。

（2）当火势凶猛，前舱门进攻受阻，且火势已越过前舱门，严重威胁驾驶舱时，就在靠近驾驶舱处打碎两侧舷窗，将水枪从舷窗口伸入机身内，用雾状水封锁空间，阻截火势蔓延，保护驾驶舱，并配合内攻水枪手，里应外合，消灭火灾。

4. 驾驶舱内发生火灾

（1）消防人员从前舱门攻入机身内部，用雾状水冷却驾驶舱与客舱之间的隔墙，防止火势蔓延到客舱，掩护乘客和机组人员从前、中、尾部舱门和应急出口撤离机身，到地面安全地带。

（2）使用卤代烷（1211等）灭火剂扑救驾驶舱内火灾。没有卤代烷灭火剂时，可用干粉或二氧化碳灭火剂扑救，迫不得已时再用水或泡沫扑救，因为只有卤化烷灭火后不留痕迹，其他灭火剂会使驾驶舱内的贵重仪器仪表设备遭受不同程度的水渍或损坏。

5. 货舱（行李舱）内发生火灾

（1）当飞机上有乘客时，应首先组织力量疏散客舱内所有人员。

（2）当货舱内装运普通货物时，可用喷雾水或泡沫扑救。

（3）当货舱内装运化学危险品时，应根据所装运货物的性质选用灭火剂。

（五）飞机坠落火灾（事故）的扑救

1. 坠落后，整个飞机都燃烧起来时，首先用干粉压制机身外部火焰，同时用泡沫覆盖冷却机身，降低高温对乘客的影响，为机身内部人员的生存提供条件。在兵力充足的条件下，也可重点考虑扑灭油箱、发动机和起落架等部位的火。

2. 坠落后，油箱破裂，大量燃油洒落到地面燃烧，火焰威胁机身安全时首先用干粉和泡沫直接射向机身下面火焰根部，将火焰与机身分隔开，然后向机身周围的火焰喷射，最后覆盖整个燃烧区，消灭燃油火。

3. 坠落后，飞机与洒落地面燃油同时应首先扑灭机身上的火焰，用泡沫覆盖冷却机身；再向机身下部和周围地面喷射泡沫，将地面火焰与机身隔开，控制住燃油火向机身蔓延，为展开救援工作创造条件，最后消灭地面燃油火。

4. 坠落后，机身机构变形，舱门、紧急出口等无法开启时消防人员应尽一切可能，以最快的速度、最有效的方法，救出机身内部所有人员。

（六）反劫机灭火救援

犯罪分子劫持飞机后，引爆爆炸物品、点燃化学易燃品、干扰驾驶员操作或不服从地面指挥，使飞机失控，发生与地面建筑物或飞机碰撞事故，造成飞机火灾。罪犯劫机事件政治影响大，所造成火灾事故的危害大，消防队伍灭火救援行动可能受到犯罪分子的破坏，情况瞬息万变，难以预料。

1. **当作政治任务，落实各项工作**　消防队伍必须把反劫机和处置机场突发事件当作重要的政治任务来完成，结合实际制定出反劫机和应付机场突发事件的预案，建立反劫机和处置机场突发事件的组织指挥机构，确定消防力量的调集原则，搞好灭火演练，从思想上、组织上、车辆装备以及人员分工上充分做好应付突发事件的准备。

2. **掌握劫机动态，落实待命力量，争取灭火主动权**　消防指挥中心接到反劫机报警后，应充分估计到情况的复杂性、严峻性和反劫机任务的艰巨性，及时赶赴现场，掌握劫机动态，部署、检查、落实待命力量，并迅速调集第一出动力量预先出动，聚集于现场待命。精心做好临战准备，争取灭火主动权。

3. **正确判断火情，及时调集力量**　正常情况下，第一出动力量的调集，是以扑救一架飞机火灾考虑的。当被劫持飞机偏离跑道，与地面建筑物、车辆或其他飞机相撞而发生火灾时，消防指挥员要根据情况的急剧变化，适时调集增援力量，以满足灭火、救人的需要。必须坚持火场由公安消防队统一组织指挥的原则，积极搞好各方面力量的协同作战。

4. **灵活运用灭火战术**　反劫机灭火战斗应坚持"以救人为主，灭火为救人创造条件"的指导思想，根据火灾情况和灭火力量善于灵活运用"重点突破，救灭结合，灭火与救人同步进行"的战术方法，集中优势兵力于火场救援的主要方面。若飞机与建筑物同时起火，应把优势兵力布置在扑救飞机火灾方面；若两架飞机同时起火，应把主要力量布置在飞机上乘客大部有生存希望的救援、灭火方面。

三、机场保障系统故障

(一)医疗设施设备故障应急处置

1. 现场应用设备故障

(1)医疗设施设备由急救站资产管理员负责日常管理,定点放置、建账管理、确保设备处于良好适用状态。日常检查发现问题时,及时通知维修部门或维保商维修。

(2)突发事件导致急救站内设施设备发生故障,应立即更换站点内备用设备或选择具有替代功能的设施设备作为替换,并组织故障现场患者医疗救治工作的有序开展,严密观察患者生命体征和病情变化,保障患者生命安全并尽快将患者转送医院。

2. 出诊救治患者使用故障
遇突发情况导致出诊救治患者时车载设施设备突发故障应在评估患者状况的同时选择具有替代功能的设施设备作为替换并立即安排转运,若无相关替换设备且该设备影响患者后续救治应立即采取积极措施应对。

(1)以就近、就快原则,调度签派增援力量。

(2)优先安排备班车辆赶往现场增援。

(3)出诊医护人员等待增援时应严密观察患者生命体征和病情变化保障患者生命安全,在增援救护车到达后高效率抢救患者并快速转送入院;如若增援力量不能及时赶到,现场值班人员以边抢救、边转运的原则,就近选择将病患转至现场值班站点实施抢救。

(4)完成患者转运后应将故障情况及时上报,并联系相关部门维修。

（二）救护车突发故障应急处置

救护车在飞行区突发故障，立即启动预案。首先依据故障发生地点判定响应等级，即Ⅰ级（红色响应）、Ⅱ级（橙色响应）、Ⅲ级（黄色响应）。

1. 当车辆故障发生在Ⅰ级响应区域时，遵循"边处置边报告"原则，由故障车辆驾驶员通报机场运行指挥中心。运行指挥中心负责通知飞行区管理部、维修公司立即到场处置，并与空管部门对接关闭车辆附近区域，同时安排当日值班人员赶赴现场参与处置协调。飞行区管理部立即赶赴现场成立现场指挥部，按照总指挥部要求统筹现场指挥。车属单位、维修公司负责组织人力物力在10分钟以内将车辆尽快移至安全区域。

2. 当车辆故障发生在Ⅱ级响应区域时，遵循"边处置边报告"原则，由故障车辆驾驶员通报本单位后报飞行区管理部。飞行区管理部负责前往现场成立现场指挥部，车属单位、维修公司组织人力物力到场将故障车在20分钟以内拖至安全区域。

3. 当车辆事故发生在Ⅲ级响应区域时，遵循"边处置边报告"的原则，由故障车辆驾驶员通报本单位后报飞行区管理部。飞行区管理部负责前往现场成立现场指挥部并视情况通知维修公司到场对故障车辆在30分钟以内拖至安全区域。

4. 启动预案后，车管员要对车辆故障信息进行收集，内容包括：故障发生的时间、地点、详细经过、原因、性质等，将情况向急救站长报告。

（汪红霞　刘兆祺）

第三节 自然灾害应对与防范

一、台风的应对

台风，属于一种热带气旋，气旋中心持续风速在 12～13 级（即 32.7～41.4 米/秒），因为携带者巨大的能量，所以这种天气是一种危害巨大的自然灾害，它对飞行器的影响巨大。

（一）台风对飞行的影响

1. **台风气旋** 当飞行器进入台风气旋后，上升、下降的气流会使飞行器产生剧烈的颠簸，会严重影响飞行的安全，尤其是对于飞行器的起降威胁更大。

2. **大量降水** 台风会带来大量的降水，暴雨、大雾时能见度很差，严重影响飞行中的视程，给目视飞行造成困难，甚至严重影响飞行安全。

3. **冰雹及冷水滴** 台风也会导致冰雹、大量冷水滴存在于成熟的雷雨云中，飞行器高速穿过云层可能会遭到冰雹的猛烈撞击，也可能会在飞机表面形成结冰，危及飞行安全。

4. **雷电** 在雷雨天气，飞行中的飞行器很容易招致雷击事件，导致飞行器及其控制系统的直接损伤，造成坠机等事故。

5. **紊乱气流** 飞行器在不同方向的气流间穿行时，很容易因不同部位不同方向的受力造成飞行器失控，造成严重的飞行事故。

（二）台风事件的应急处置

1. 起飞滑行的注意事项

（1）在能见度较低的时候（跑道视程 RVR 低于 400 米），驾驶舱内外通信是保障安全滑行的关键，机组成员必须保持对空中交通管制（air traffic control，ATC）频率地守听，同时必须重复诵念并理解所有 ATC 的指令，如果不能完全理解指令，机组应该要求进一步解释，在没有得到明确解释之前，应停止滑行。

（2）低能见滑行的速度应小于 10 海里/小时，距障碍物间隔小于 10 米且无地面引导的应该停止滑行。

（3）在低能见度运行时，只能使用已指定的在停机坪和跑道之间的滑行路线，机组应对任何其他航空器的运动保持关注。

（4）如果不能确定飞行器的位置，应该停止飞行器，通知 ATC，应该按照 ATC 的指令确认好滑行路线后，才能移动飞行器。

2. 飞行中遭遇颠簸的应急处置

（1）飞机在起飞到 10 000 英尺以下飞行过程中飞行机组应保持安全带电门接通，以防止突遇颠簸。飞机在初始巡航期间颠簸结束后飞行机组应及时熄灭安全带信号灯，以通知乘务组可以开始客舱工作。

（2）飞机起飞 20 分钟且进入初始巡航阶段后，未发生颠簸也没有预计颠簸的情况下飞行机组应该熄灭安全带信号灯，以保持机上人员对安全带信号灯的警觉。

（3）飞机离开下降顶点下降时飞行机组应打开安全带信号灯以防止突遇颠簸。

（4）预计遭遇颠簸时飞行机组应该及时向客舱乘务员通报可能遇到的颠簸强度和时间长短。预计遭遇颠簸而且飞行机组不能及时向客舱乘务员通报的时候，飞行机组应按照遭遇颠簸的程序执行。

3. 飞行中寒冷结冰的应急处置

（1）正确、及时地使用除冰/防冰设备，适当加大巡航功率，并且报告空中交通管制员。

（2）使用除冰/防冰设备后，飞行速度仍继续下降，应立即请求改变高度层。在改变高度层后，仍有结冰并且继续飞行不能保持最小安全速度时，机长必须在就近机场着陆或返航，并且将采取的行动立即报告 ATC 和公司运控中心。

（3）无除冰防冰设备或者除冰防冰设备有故障的飞机，禁止在结冰区域内飞行。

（4）改变飞行高度，脱离结冰区。

4. 飞行中遭遇强降雨的应急处置

（1）强降雨对飞行的最大危害是降低外界能见度并伴有低温。强降雨中通常包含很强的下沉气流和风切变。

（2）强降雨可能会导致喷气发动机吸水，影响发动机和飞机的性能，造成发动机喘振，甚至熄火。

5. 着陆遭遇寒冷天气的应急处置

（1）飞机如果在五边进近时遭遇到降雨、降雪、冰粒或雨夹雪，或在此之前降雨、降雪、冰粒或雨夹雪刚经过机场范围时，必须意识到跑道有被冰冻的可能性。

（2）在执行或决定继续进近前必须向塔台了解跑道情况。

（3）着陆时，要考虑到侧风限制和刹车效应对在湿滑跑道上的影响，当预报刹车效应差时，除非有必须着陆的紧急情况，在湿滑和积雪跑道上着陆是不适当的；

（4）必要时在下降进行准备时，检查有关检查单和性能图表进行计算，如果在降落过程中，机长觉得目的地机场的状况不适合降落，要果断复飞，根据具体情况选择是否备降等。

（5）结冰的飞机在进入着陆前，应当检查翼面和操纵系统积冰情况，在不影响安全时，再进行着陆。

（6）结冰的飞机在进入着陆和接地时，应按照手册规定的速度行。风挡玻璃结冰无法排除时，应当打开侧窗着陆。

二、雷暴的应对

（一）雷暴对飞行的影响

雷暴常常伴有强烈的阵雨或暴雨，有时伴有冰雹和龙卷风。在雷暴活动区飞行，会遇到强烈的湍流、积冰、雷击、强降雨和恶劣能见度，有时还会遇到冰雹、下击暴流和低空风切变。这些危险的天气现象会降低飞行的操纵性能、破坏飞机的动力系统、电子和导航系统等 严重威胁到旅客及机组人员的生命安全，并带来无法估量的经济损失。

（二）遭遇雷暴的应急处置原则

每一次雷雨都按危险天气对待，当天气预报或已知有雷雨时，应尽早采取措施，避开雷雨区。如无法绕过进入雷暴：

1. 系紧安全带，固定所有松散物品，以最短时间穿越雷暴。
2. 选择低于冻结层高度穿越雷暴，避免严重积冰。
3. 确保接通加温、防冰设备，使用推荐的颠簸速度，设置相应推力。
4. 将驾驶舱的灯光调至最亮，避免闪电造成的短时失明。
5. 解除自动驾驶仪高度保持模式及速度保持模式。
6. 间歇调整雷达天线角度，探测雷暴活动情况。

三、大雾的应对

（一）大雾对飞行的影响

2020年1月26日，科比·布莱恩特在加利福尼亚州洛杉矶县卡拉巴萨斯的一场直升机坠机事故中身亡。事发当天洛杉矶大雾，相对湿度100%，能见度低，直升机联系过地面的控制中心，在盘旋等待降落的时候，机场区域的大雾不断加重，因此直升机掉头离开机场，在离开后不久就发生坠机。据查，此次失事的主要元凶就是大雾，大雾造成的能见度低下，严重威胁飞机的起飞和降落的安全。

（二）遭遇大雾的应急处置

1. 严格执行放行标准，充分考虑不同机型对于运行跑道的要求及使用跑道的视程情况。

2. 加大飞机起飞间隔，因此会造成飞机长时间空中等待甚至发生备降，故遇目的机场大雾天气条件，应需要保持充足燃料。

3. 航班起飞后，当遇到目的地机场和飞行计划中选择的备降机场天气条件或其他条件发生变化而无法降落时，运控部门应与机组共同选择其他可用的备降机场，并协调确保顺利、安全备降，以避免不安全事件发生。

（王军）

第四节　典型案例

2018年8月28日11:16，首都航空JD5759航班在澳门机场降落时疑似遇到风切变导致飞机重着陆，前起落架双轮脱落，起降碎片吸入左发动机，造成左发动机失灵。机组宣布紧急状态，经评估选择备降深圳宝安机场。在民航各部门密切配合下，该航班进行低空通场让地面人员确认前起落架状况，随后在深圳机场34号跑道安全降落。机组立即实施机上撤离程序，组织旅客安全撤离。在机场管理机构的组织下，仅用4个小时完成航空器搬移、30分钟完成跑道适航检查并开放。

一、事件经过

8月28日11:40，运行指挥中心接空管塔台通报，首都航空JD5759（北京—澳门）的航班因机械故障需备降深圳机场。深圳机场随即启动航空器突发事件应急处置预案。该航班于11:58在深圳机场16/34跑道安全落地。飞机落地后在跑道上紧急疏散旅客，12:13全部旅客和机组撤离完毕。事件中，有5名受伤旅客被送往医院进一步诊治，应急救护区域共15人，4部救护车参与救援。

受此影响，深圳机场16/34跑道于12:30临时关闭。深圳机场调集相关应急救援设施和物资对故障航空器进行搬移。经过现场紧急处置，深圳机场16/34跑道于当天16:35恢复运行。因单跑道运行（15/33跑道运行正常），深圳机场部分航班当天下午出现不同程度延误或取消。JD5759航班旅客已于下午15:40由深圳机场码头乘船前往澳门。截至17:00，深圳机场共取消进出港航班161班，机场运行恢复正常。

二、处理经过

1. **应急响应**　当天11:40急救C点（三中队消防急救室，飞行区应急救护保障点）接消防急救中心运行控制室（以下简称运控）警铃：376机位集结待命，做好完整接听记录（时间、地点及通知方式），快速反应，标准装备，急救车紧急出动，11:42到达现场，飞机未落地。11:47电话询问运控，回复：飞机故障，具体不详。11:57运控对讲机通知：为一公务机，左发动机失效，前轮缺失一个，预计3分钟落地。立即请求支援，同时前往16/34跑道飞机落地点，12:00开始撤离旅客。引导旅客前往安全区域集合。

2. **现场检伤分类、医疗救治**　急救C点首车到达，检伤分类完毕后，统计受伤人数，立即上报运控和现场医疗指挥官以决定是否请求外部增援。

12:05患者步行前来求助：女性旅客，57岁，加拿大国籍，自述腰部受伤后疼痛5分钟，于滑梯撤离时，由于重心不稳，落地时跪于地面，其后滑落的一位男性旅客骑跨于其腰上，即感腰痛，腰部活动受限。查体：BP：132/77mmHg，P：72次/分，R：18次/分，血氧99%，神清、精神紧张，口唇无苍白及发绀，心肺听诊不满意，腰第5椎体压痛（±）两侧腰肌压痛，双下肢无感觉异常。双侧膝部、左足背见皮肤擦伤。初步诊断：1. 腰痛查因：腰扭伤？腰椎损伤？ 2. 全身多处皮肤擦伤。移交至一楼值班人员转运医院检查。现场另有多名旅客皮肤擦伤，已予消毒、包扎处理。

3. **转运伤员**　12:05部门值班经理到达，担任临时指挥官，登记信息、信息传递，部门经理到达后移交指挥权；增援人员一楼急救点值班人员及门诊部人员赶到，一楼转运腰部受伤后疼痛严重患者，现场处理：①立即平卧于担架床；②嘱其勿动，后续将前往医院进一步检查；③安抚患者；④于12:20铲式担架将患者转移至救护车送往宝安中心医院检查。患者最后诊断：腰部软组织损伤，CT显示：未见骨折。

4. **旅客临时安置区医疗救治**　12:21二楼值班人员接运控电：10号登机口有人不适，12:30到达现场，见数名自述心慌不适患者，以及软组织擦伤患者，现场予以对症处理，13:45处理完毕。准备返回二楼急救站时，一名老年女性患者上前求助，述左膝疼痛不适。患者，女，57岁，主诉"左膝疼痛1小时余"，患者自述1小时前自求生梯滑下时不慎摔伤左膝，现肿痛，活动受限，无外伤出血。余无不适主诉。查体：患者神志清，精神尚可，回答切题，查体合作。BP：127/91mmHg，P：73次/分，头部、心、肺、腹部（-），左膝腓骨小头处压痛明显，活动受限，抽屉试验（-），4字试验（-），余查体未见明显异常。初步诊断：左膝疼痛查因：韧带损伤？半月板损伤？现场处理：现场制动，送宝安中心医院专科诊疗。当天18:00回访：左膝软组织损伤。最后诊断：膝关节软组织损伤，X线片未见骨折迹象。

5. **二次检伤分类** 由于10号登机口皮外伤患者多，部门值班经理、区域经理、护士长及门诊部一组人前往增援，进行二次检伤分类，发现3名旅客症状较重，需要进一步检查，通知一楼值班人员，13:37到达现场，将3名旅客转运至医院。

6. **医疗巡诊、心理疏导** 医务人员在旅客安置区进行巡诊、心理疏导；14:55待临时安置区旅客全部离开时，部门经理、护士长及门诊部一组人方离开，全程共转送5名患者，对40余名皮外伤旅客进行处置，对多名旅客给予语言安慰、心理疏导，尽量减轻患者的恐惧、紧张心理，避免情绪激动，让患者以良好的心态配合医务人员的抢救治疗工作。现场医疗救助结束后，分别到运控、事发现场了解事件处置情况，确认不需要医疗救助和保障后于16:00返回岗位。

7. **跟踪随访** 区域经理1人（非当值经理）在宝安中心医院陪同患者进行检查，并随时进行信息传递，汇报检查结果，约18时从宝安中心医院返回，5名旅客全部离开医院，4名前往澳门，1名因腰痛较著在机场酒店住下。

8. **现场保障** C点将受伤患者交接至一楼后即返回站点待命，继续保障飞行区（正在进行故障航空器搬移），二楼和一楼轮流转送患者，三楼医生护士调至二楼值守，保障航站楼内旅客（由于单跑道运行，航班出现不同程度延误）。

在此次紧急突发事件中，从接收指令、应急响应到医疗救治、信息传递、人员和医疗物资调配、各部门之间沟通协调等，各项医疗救治工作得到及时有效开展，各组值班人员快速响应，密切配合，顺利完成此次突发事件应急处置任务。

（汪红霞　刘兆祺）

第六章

特殊场所运输人员安全与防护

第一节 放射性物品运输事故的安全防护与紧急处置

一、放射性物品运输事故和放射性损伤概述

放射性物品运输事故是放射性物品在运输过程中由于自燃、人为、车辆、自身机械设备等原因发生的火灾、碰撞、翻车等交通安全事故。

在放射性物品运输事故中，司机通常会遇见危及自身和周边人员安全的紧急情况，需要现场紧急处置。此类情况包括放射物品泄漏、突发火灾引起的气道烧伤、全身烧伤、车祸后引起的外伤。放射性损伤是由于放射性物质泄漏、污染导致人体的器官功能受损的情况，包括急性损伤和慢性损伤两类。

本章节主要针对放射性污染所导致的医疗紧急情况进行普及，需要司机师傅们对这方面的内容要有一定的知晓，以备不时之需。

二、放射性物品运输事故分级

（一）一级

车辆在运输过程中失去了自身动力，停车抛锚。这种情况通常由于机动车自身机械情况所致，司机师傅们在经过检查确保无放射性物品泄漏后设置警戒线，即可启动更换备用车辆程序。

（二）二级

发生车辆自燃、车辆相撞、受损，司机和押运人员有可能受到伤害，甚至严重者可导致自主行为能力丧失的情况，运输包装箱破损，但运输物品未受损和泄漏，车辆无法继续前行。

（三）三级

车辆颠覆、人员伤残、货物防护包装体破损，所运放射性物品暴露或洒落，现场造成放射性污染。

在二级、三级事故发生后，司机需要首先进行自救并采用被放射性物品损伤的预防措施，保护自身尽可能不受到新的伤害的前提下，启动紧急救援程序。

三、放射性物品运输事故中的医疗紧急情况

针对运输过程中所出现的医疗紧急救援情况，包括非放射性损伤和放射性损伤两类。非放射性损伤主要包括机车自燃产生的有害气体吸入性损伤、外伤如出血、骨折等，此方面内容在本书相关章节中介绍；本节重点介绍放射性损伤的相关知识。

（一）放射性物质进入人体的途径

在放射性物品运输过程中，一旦出现放射性物品泄漏、裸露或洒落，有可能通过皮肤、呼吸道进入体内，一般较少通过消化道进入体内。

1. 呼吸道吸入 从呼吸道吸入的放射性物质的吸收程度与放射性物品气态物质的性质和状态有关。固态和液态放射性微粒悬浮在空气或气体介质中形成的分散体系形成放射性气溶胶，其是造成人体内照射的最大威胁，所产生的危害也很大。气溶胶粒径越小，在肺部的沉积越多。难溶性气溶胶吸收较慢，可溶性较快；气溶胶被肺泡膜吸收后，可直接进入血液流向全身。

2. 皮肤或黏膜接触侵入 皮肤对放射性物质的吸收能力波动范围较大，一般在 $1\% \sim 1.2\%$，经由皮肤或黏膜接触后侵入的放射性污染物，能随血液直接输送到全身。由伤口进入的放射性物质吸收率较高。

3. 消化道摄入 从消化道内摄入放射性物品，在交通运输事故中发生较少。

（二）放射性损伤的临床表现

放射性物品一旦泄漏，使机体暴露在放射性物品之下，就会引起局部或者全身的临床症状，主要包括中枢神经系统表现、胃肠道系统、血液系统、局部反应、感染等表现。如果人在短时间内受到大剂量的 X 射线、γ 射线和中子的全身照射，就会产生急性损伤。照射剂量超过 1 戈（单位：Gy）时可引起急性放射病或局部急性损伤；在剂量低于 1 戈时，少数人可出现头晕、乏力、食欲下降等轻微症状；剂量在 $1 \sim 10$ 戈时，出现以造血系统损伤为主；剂量在 $10 \sim 50$ 戈时，出现以消化道为主症状，若不经治疗，在两周内

100%死亡；50戈以上出现脑损伤为主症状，可在2天死亡。急性损伤多见于核辐射事故。

1. **中枢神经系统表现**　中枢神经系统的症状主要表现为乏力、欲望减退、倦怠、虚脱、精神萎靡、嗜睡、病情严重者可出现昏睡，甚至昏迷，全身抽搐，全身肌肉震颤，共济失调；最后在数小时到数天内死亡。当辐射量超过30戈时常出现此类情况。

2. **胃肠道系统**　小肠是对放射性物质辐射最敏感的器官，受到照射后，肠道上皮细胞分裂受到抑制，淋巴细胞及淋巴组织受到破坏。当辐射量超过4戈时即可出现胃肠道症状，如厌食、恶心、呕吐、腹泻，严重者可导致脱水，血容量降低，重症患者可导致肠道坏死后出现脓毒症。轻症患者经过积极治疗，大多数患者可病情好转。

3. **血液系统**　血液系统的症状通常发生较晚，一般在48小时后开始发生，可在3～4周后表现为血液系统血细胞如血小板开始减少。当辐射量4～10戈即有可能导致血液系统改变，一般发生在缓解期，淋巴结、脾和骨髓开始萎缩，导致全血减少。3～4周，血小板开始下降。

4. **局部反应**　局部反应主要包括患者由于放射物质与空气结合后，部分会释放大量的辐射热导致热烧伤、皮肤损伤等表现。

5. **感染**　在放射性物品导致的机体出现的损伤中，感染通常是一种继发性表现，由于淋巴细胞、血细胞的减少，导致机体免疫失衡，同时肠道感染、皮肤感染等感染更容易激发患者的全身感染。

6. **放射复合伤**

（1）**伤情轻重主要取决于辐射剂量：**放（放射）、烧（烧伤）、冲（冲击）复合伤时，其死亡率和存活时间虽也受烧伤和冲击伤伤情程度的影响，但主要取决于核辐射的剂量。随受照射剂量增大，伤情严重，死亡率升高，存活时间缩短。

（2）**病程经过具有放射病特征：**以放射损伤为主的放烧冲复合伤，其临床经过及转归以放射损伤起主导作用，有明显放射病特征，有初期（休克期）、假愈期（假缓期）、极期和恢复期的病程阶段性；有造血功能障碍、感染、出血等特殊病变和临床症状。

（三）放射性损伤的现场急救原则

放射性损伤的现场急救包括标明标记保护现场，积极脱离放射性物品的环境，迅速清洗经过放射性物质污染的皮肤和创面，维持患者生命体征、镇痛镇静等对症治疗，简而言之是"脱离、清洗、对症"六字诀。

1. 脱离 脱离放射性物品环境是进行现场自救首要措施，因为不同放射性物质对周围环境辐射半径不同，所以当有疑似放射性物品泄漏时，尽可能快地携带防辐射服装脱离周围环境，在可能的情况下，需要穿戴防辐射服以避免再次损害（图 6-1-1，图 6-1-2）。如疑似有呼吸道污染，可首先戴上防护面罩后再脱离环境。

图 6-1-1 现场防护

图 6-1-2　防化服与呼吸防护器

2. **清洗**　清洗被放射性物质污染的皮肤，立即用大量清水冲洗皮肤，如必要可用依地酸（EDTA）的特异性螯合液进行清洗，小的穿通伤必须严格清洗和清创，直至创口无放射性，同时如有开放性伤口需尽快清理，避免过多放射性物质经过伤口进入体内。

3. **对症**　预防和对症治疗消化道症状，如若出现恶心、呕吐、腹泻症状，可给予止吐药，如丙氯拉嗪 5～10 毫克，适当补充淡盐水以防止脱水。

四、预防措施

（一）车辆检查和物品准备

在运输开始前，务必按照作业流程检查运输放射品物质的车辆的完好性及包装放射性物质的完好；在开始运输前，必须配备并检查防放射性的防护服，严格按照作业操作。

（二）饮食预防

针对放射性物品运输车辆的司机师傅们平日要注意自身的饮食

健康，这方面包括：

1. **确保充足的能量供给**　足够的能量供给有利于提高人体对辐射的耐受力，降低敏感性，减轻损伤保护身体。辐射使身体能量消耗增加，谷物中的碳水化合物是身体所需能量的主要来源，糖类供给以果糖最佳，葡萄糖次之，而后是蔗糖等。

2. **摄入高质量优质蛋白**　接触放射物质、核辐射的人，要注意摄入高质量的充足的优质蛋白质。如多吃胡萝卜、番茄、海带、瘦肉、动物肝脏等富含维生素 A、维生素 C 和蛋白质的食物，增强肌体抵抗核辐射的能力。

3. **低脂类饮食**　脂肪的总供给量要适当减少，需增加植物油所占的比重，其中油酸可促进造血系统再生功能，防治辐射损伤效果较好。

4. **补充多种维生素**　需要补充适当的维生素 A、维生素 K、维生素 E 和 B 族维生素，可提高身体对放射性物品的耐受性。

5. **维持身体内的微量元素平衡**　体内钾、钠、钙、镁等离子浓度须平衡，微量元素与其他营养相互之间的关系也很重要，锌对许多营养包括蛋白质与维生素的消化、吸收和代谢都有重要影响。微量元素不足对放射性损伤的恢复非常不利。

6. **无机盐供应宜加量**　在膳食中适量增加无机盐（主要是食盐），可促使人饮水量增加，加速放射性核素随尿液、粪便排出，从而减轻内照射损伤。

7. **辛辣食物属于是抵御辐射的天然食品**　常吃辛辣食物不但可以调动全身免疫系统，还能保护细胞的 DNA，使之不受辐射破坏。

（杨建中）

第二节 危化品运输事故的安全防护与紧急处置

一、危化品运输事故概述

危化品运输事故是在运输剧毒物质、有毒气体等过程中由于各种原因发生的爆炸、碰撞、翻车等交通安全事故。危化品运输车辆一旦发生事故，出现有毒危化品泄漏，后果往往更严重，社会危害性巨大。每年均有较多危化品在运输过程中出现事故导致严重的后果。

危化品运输事故具有以下特点：大量化学物质或有毒化学物质意外排放，导致财产损失巨大；危化品的多样性决定着损害的多样性，由危化品的特性决定，可以引起即刻损害，甚至可引起长期损害；危化品泄漏不仅对人体造成损害，甚至会导致环境污染等一系列社会问题。基于危化品运输事故的特点，在现场的安全防护和应急处置尤为重要。

危化品运输事故中表现形式，主要表现为泄漏、中毒、爆炸等恶性重大或特重大事件。

二、危化品运输事故所致医疗事件的分类

危化品运输过程中，由于运输物品主要是有毒的危险化学品，如氯气、液氨、丙烯等物质，每一种化学物质特性均有所不同，其熔点、与气体和水等物质的反应各不相同，一旦泄漏会出现很多有毒有害气体，有些会表现为腐蚀性，主要出现的医疗事件表现为气体中毒、腐蚀皮肤、复合伤。

（一）气体中毒

危化品如氯气、氨气、丙烯等化学品一旦泄漏，一方面这些物质很容易出现扩散，导致周围环境迅速被污染，导致群体性气体中毒；另一方面，这些物质又容易引起气体爆炸，又会衍生新的有毒刺激性气体和有害化学物质，导致新的气体中毒。刺激性气体吸入气道后，很容易引起气道水肿、导致患者窒息、肺部出血、脑水肿等临床表现，严重者可导致死亡。

（二）皮肤化学性烧伤

大量有害气体在特定的条件下如与水反应，爆炸后所产生的化合物，形成具有酸性的物质，附着于皮肤之上，会导致皮肤的化学性烧伤。

（三）复合伤

危化品运输中由于车祸、泄漏、爆炸等多种因素作用，当事人可能遭受多种因素所造成的伤害，比如车祸所造成的机械性损害、同时有可能受到烧伤、化学性伤害等，形成了复合伤。

针对危化品运输事故所致医疗事件的分类，下面重点讲述一下各个紧急医疗事件的临床表现和现场处置原则。

三、危化品运输事故中的紧急医疗事件临床表现

在危化品所致的医疗紧急事件当中，以气体中毒、化学所致的皮肤烧伤、复合伤为主要的临床常遇见的情况，无论何种情况，其中以毒气刺激所致的气管黏膜的水肿，导致身体缺氧和窒息为最紧急的情况，也是立刻需要紧急处置的情况。

(一)呼吸道水肿导致缺氧和窒息

由于吸入较多刺激性气体,导致呼吸道黏膜充血、糜烂、水肿,尤其是声门、气道和呼吸道,严重者可波及肺泡,导致肺泡水肿,引起肺泡交换气体的障碍,由于呼吸道广泛水肿,严重者可导致声门完全闭塞,可出现窒息;令身体处于缺氧状态,导致缺氧所一系列细胞代谢和功能障碍,可引起全身性的缺血损害,严重者可在数秒到数小时内死亡。

(二)气体中毒相关的临床表现

有很大一部分运输的危化品中主要成分为毒气,常见的有害气体中毒包括氨中毒、硫化氢中毒、氯气中毒、一氧化碳中毒和甲醛中毒。若发生爆炸,还会产生较多的二氧化碳和一氧化碳,也会导致一氧化碳中毒和二氧化碳中毒。

1. **一般性临床表现** 毒气中毒所引起的普遍临床症状包括轻症患者可有头痛、头晕、心悸、流泪、喷嚏、胸闷、胸痛、牙痛,这些都是缺氧所致的神经系统症状和心血管系统症状,迅速出现烦躁、谵妄、惊厥、肌无力,有干稻草或生苹果味,严重者可出现等。若病情继续加重,出现昏迷、发绀、呕吐、咳白色或血性泡沫痰、大小便失禁、抽搐、四肢强直。查体可发现角膜反射和压眶反射消失、双侧病理征阳性等。可因高热、休克、呼吸循环衰竭死亡,也可死于肝肾衰竭。幸免者甚至数月才逐渐恢复,部分患者可留有后遗症(神经衰弱、症状性癫痫、震颤麻痹及去大脑皮质状态等)。

2. **特殊临床表现**

(1)神经性毒剂:伤口染毒时没有特殊感觉,伤口及周围组织的改变也不十分明显,但不久伤口局部可出现明显肌颤,几分钟内出现中毒症状导致死亡。

（2）**糜烂性毒剂：**染毒后伤口局部立即剧痛，10～20分钟后伤口严重充血、出血和水肿。全身吸收中毒症状迅速而强烈，常出现严重的中枢神经系统症状、肺水肿和循环衰竭。

（三）化学性皮肤灼伤

在危化品交通事故，有部分事故由于各种原因会导致爆炸或者气体燃烧，产生大量的化学物质，在与人体汗液反应的基础上，形成较多酸性物质，可导致化学性皮肤灼伤，它是常温或高温的化学物直接对皮肤刺激、腐蚀作用及化学反应热引起的如红斑、水疱、焦痂等急性皮肤损害，可伴有眼灼伤和呼吸道损伤。在某些情况下，黄磷、酚、丙烯腈、四氯化碳、苯胺等化学物如还可经皮肤、黏膜吸收，导致患者出现化学性中毒，也可出现特定的化学物质所表现的临床表现。其严重程度需要结合患者灼伤的程度和面积进行计算，具体可见烧伤章节。

（四）化学复合伤

危化品所引起的化学性复合伤可能还伴有车祸等因素所导致的机械性损伤，称为化学性复合伤，由于毒物的性质不同，导致患者的临床表现各异。需要专业团队进行甄别和处理。

四、危化品运输事故中的现场紧急处置

（一）紧急处置原则

大家切记注意一点，危化品运输事故中处置应遵循先自救，再检查，再救援的原则。无论受伤与否，当发生危化品运输事故时，在事态不明朗的前提下，首先迅速戴上防护面罩，再穿防护服，以

达到预防的目的，若由于受伤无法穿防护服，也应将防护面罩尽可能戴上以防止毒气吸入，若连防护面罩也无法穿戴，需要尽快拿湿毛巾掩住口鼻。必要时吸入氧气。在可行动的基础上再去检查有无化学品的泄漏。

（二）紧急处置措施

紧急救援的原则包括以下措施，记住脱离现场、保护气道、冲洗危化品、创面清创（图6-2-1）。

1. 将伤者脱离现场环境，脱去受污染的衣物，是首要的也是最关键的一步。

2. 保护气道是首要的措施，若伤者有大量分泌物、缺氧等表现，可给予开放气道的方法，见本书第一章相关内容，必要时可给予人工呼吸。

3. 接下来可立即用大量流动清水冲洗20～30分钟。碱性物

图6-2-1　危化品污染后冲洗

质污染后冲洗时间应延长,特别注意眼及其他特殊部位如头面、手、会阴的冲洗。

4. 化学灼伤创面应彻底清创、剪去水疱、清除坏死组织。深度创面应立即或早期进行削(切)痂植皮及延迟植皮。例如黄磷灼伤后应及早切痂,防止磷吸收中毒。

5. 一方面进行紧急救援,另一方面实施紧急呼救措施。

五、预防措施

对于危化品交通运输事故没有较好的预防措施,保证充足的睡眠,集中精力开车是唯一避免该类事件发生的有效手段。

在工作之前,需要按照工作流程严格检查防护物品的完好性,使其在最容易取到的地方。另外,车内一定要备上一大桶清水以备不时之需。

(杨建中)

第三节 高原严寒运输事故的安全防护与紧急处置

一、高原严寒运输事故概述

高原严寒运输事故是指当在高原地区(海拔3 000米以上)、严寒地区由于车辆故障、碰撞、翻车等导致的运输事故。由于高原地区具有高寒、缺氧、低气压、风沙大、能见度低等环境特点,一旦出现高原严寒环境下的运输事故,在很大程度上增加了救援的难度,现场抢救工作非常重要,为下一步医学救援可以赢得时间。

在平原地区也有严寒情况的发生,比如地处祖国北部的东北地区和西北地区均有-30℃的低温天气,在冬天出现严寒情况下的运输事故也不少,尤其是在进入冬季后12月至次年2月期间。在这样的情况下,如何确保严寒环境下的安全防护和紧急处置显得尤为重要。本章节主要介绍高原严寒环境对人体的影响及可能出现的临床表现及救治要点。

二、高原严寒环境对人体的影响

(一)缺氧

在高原的环境中,对身体最大的考验就是对缺氧的耐受性。正常海平面的情况下,空气中氧气的含量约为21%,当随着海拔的升高,空气的压力逐渐降低,氧气的压力也越来越低,据测算,在海拔4270米的高度,空气中氧气的压力只有海平面的58%,这就导致身体处于一个缺氧的状态(图6-3-1)。缺氧对人体的影响极大,对全身各个器官的功能都会有影响,尤其是大脑对缺氧的耐受性最差,其次是呼吸系统和心血管系统,再次是肾脏、肝脏、肌肉。在出现运输事故时,一旦出现身体的损伤,身体的氧耗会随之增加,导致身体面临着进一步缺氧的状态。

(二)酷寒

在高原的环境中,随着海拔的升高,环境的温度会出现下降的趋势,海拔每升高150米,气温会下降1℃,当海拔升高1000米时,环境温度一般会下降6.5℃,当海拔为4500米时,环境温度会下降超过20℃。此时,人体将处于寒冷的环境,甚至在-30~40℃,甚至更低的温度中。另外,在高原环境状态下,

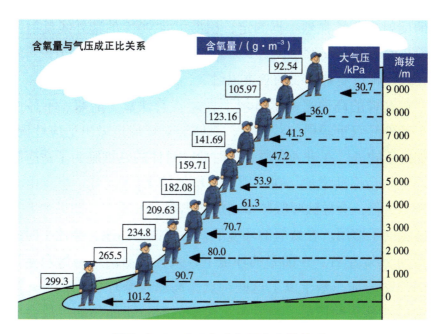

图 6-3-1　高原与含氧量变化的关系

昼夜温差极大，由于中午日照加上强烈的紫外线，中午的温度会较高，而到晚上气温会明显下降，有时昼夜温差可达到 30～40℃。

（三）不显性失水

在高原环境下，湿度较低，使人体自主排出水分能力增加，高原上每天通过呼吸排出的水分为 1.5 升，通过皮肤排出的水分为 2.3 升，且在高原进行运输的司机，由于需要适应高原环境，面对着越来越高的海拔，为了防止高原性肺水肿的发生，通常不敢饮用大量的水，这样就会导致身体不显性失水增加。

（四）紫外线双重辐射

阳光辐射强在海拔 3 600 米高处，宇宙间的电离辐射，紫外线强度和对皮肤的穿透力是海平面的三倍。另外，这些射线通过积雪的反射也非常强烈。据测定，积雪可将90%的紫外线反射回地表面，而草地的反射率仅为9%～17%。换句话说，由于积雪的作用，人体将遭受紫外线的双重辐射。

在这样的高原恶劣的环境下，面临着缺氧、酷寒、不显性失水、紫外线双重辐射的状态下，人体会对环境也做出适应性调整，例如由于缺氧，在进入高原2小时后，身体的红细胞为了适应缺氧的环境就会逐渐增加，在一周后会增加约1.1克/升；患者由于氧气压力过低，会导致呼吸频率增加而出现过度通气，如果加上运动就感觉气不够用。在缺氧的环境下，心跳也会加速，会比平时的心率增加20%左右。在酷寒的环境下，人体容易出现因御寒导致机体的代谢增加。基于以上这些特点，高原严寒环境下，对人体自身素质就是一种挑战，当发生运输事故时，所面临的挑战会更加严峻。

三、常见的高原运输过程中紧急医疗情况

（一）急性高原病

主要包括急性高原反应、急性肺水肿、急性脑水肿三种类型，彼此之间互相交叉和并存。虽然急性高原病不是运输事故的直接结果，但它是导致高原严寒环境下运输事故的主要因素之一，所以大众了解急性高原病非常有必要。

1. **急性高原反应** 进入高原后6～24小时即有可能出现高原反应，轻度可出现头痛、主要表现为双侧额部，可有胸闷、气促、恶心、呕吐等症状，有下列表现之一或一种以上者应考虑本病：①有头痛、头昏、恶心呕吐、心慌气短、胸闷胸痛、失眠、嗜睡、食欲减退、腹胀、手足发麻等症状，经检查不能用其他原因解释者。②休息时仅表现轻度症状如心慌、气短、胸闷、胸痛等，但活

动后症状特别显著者。③有下列体征者，如脉搏显著增快、血压轻度或中度升高（也有偏低），口唇和/或手指发绀，眼睑或面部水肿等。

2. 急性高原性肺水肿 较重的高原反应可以出现急性高原性肺水肿，患者大多起初会有胸闷、气短、呼吸困难、不能平卧、端坐卧位、发绀的症状，逐渐出现咳嗽、咳白色或粉红色泡沫样痰液为特征性表现。

3. 急性高原性脑水肿 高原脑水肿临床表现最常见的症状是头痛、呕吐、嗜睡或烦躁不安、共济失调和昏迷。根据该症的发生与发展，有人将高原脑水肿分为轻型脑水肿和重型脑水肿。轻型脑水肿表现多数有严重的急性高原反应的症状，如剧烈头痛、进行性加重、显著心慌及气促、频繁呕吐、尿量减少、呼吸困难、精神萎靡、表情淡漠、反应迟钝、嗜睡或烦躁不安，随即转为昏迷。有极少数患者无上述症状而直接进入昏迷期。重症表现为意识丧失、面色苍白、四肢发凉、发绀明显、剧烈呕吐、大小便失禁等。重症者如不及时抢救，则预后不良。查体可能见到患者常有口唇发绀、心率增快、颈强直、瞳孔不等大、对光反应迟钝或消失等。

（二）冻伤

在高原严寒的环境下，如果因为保护不当、天气骤变、运输事故、车辆故障导致长期处于严寒的环境下，可能出现冻伤。因此，早期识别冻伤很关键，冻伤分为局部冻伤和冻僵，严重者可危及患者生命。

1. 冻伤的分级

一度冻伤： 最轻，即常见的"冻疮"，冻部位皮肤红肿充血，自觉热、痒、灼痛，症状在数日后消失，愈后除有表皮脱落外，不留瘢痕（图6-3-2）。

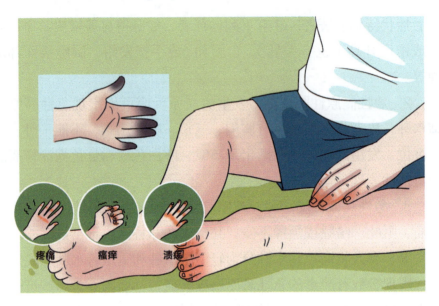

图 6-3-2　冻伤

二度冻伤：伤后除红肿外，伴有水疱，疱内可为血性液，深部可出现水肿、剧痛、皮肤感觉迟钝。

三度冻伤：皮肤出现黑色或紫褐色，痛感觉丧失，可有长期感觉过敏或疼痛。

四度冻伤：伤及皮肤、皮下组织、肌肉甚至骨头，可出现坏死、感觉丧失。

2. **冻伤的伴随症状**　冻伤皮肤局部发冷，感觉减退或敏感，皮肤出现苍白或青紫，痛觉敏感，肢体不能持重等。这些表现系由于交感神经或周围神经损伤后功能紊乱所引起。

3. **冻僵**　神志模糊或昏迷，皮肤苍白，冰凉，瞳孔对光反射迟钝或消失，有时面部和周围组织有水肿，呼吸慢而浅，严重者偶尔可见一两次微弱呼吸。脉搏过缓，有时不齐，血压降低测不到，严重时心脏停搏。

（三）车祸外伤

在高原环境下，道路崎岖，一旦出现车祸外伤，常危及伤者生命，也常出现多发伤。伤情变化快，死亡率较高；伤情严重，出血较多，易休克；伤情复杂，容易忽视隐蔽部位的伤情；抵抗力较低，容易出现各种合并症，且在高原严寒的环境下，由于缺氧的环境，身体对创伤后耐受力也在明显下降，容易导致缺氧进一步加重，不利于伤情的恢复。

四、紧急医疗情况的现场紧急处置

因为高原严寒环境较为复杂，所面临的医疗紧急情况也较为复杂，紧急处置也需要针对不同的医疗紧急情况进行处置。在前述介绍的三类紧急医疗情况中，以车祸外伤、冻僵为最紧急，最需要立刻处理的，其次为急性高原性肺水肿和脑水肿，再次为急性高原性反应和冻伤。当然在行车过程当中，情况有可能瞬息万变，伤者的情况也会随之变化。下面我们将逐一介绍现场处置的原则和措施。

（一）针对急性高原病

大多数患者首先出现急性高原反应，然后才会出现急性高原性肺水肿和脑水肿。

一旦出现急性高原反应，司机师傅无法耐受时即应立刻进行吸氧，氧气流量1～2升/分钟，减少活动，在合适的场地停车稍事休息，待症状好转后再行车。不建议行车过程中长期吸氧，因为需要身体对高原的缺氧有一定的适应期。针对头痛症状，可适当应用阿司匹林、对乙酰氨基酚、布洛芬等药物，当若患者的病情持续不缓解者，应尽快将对急性高原病患者转至海拔相对低的区域，一般在原有海拔的基础上下降300米，再进行观察。

当出现急性高原性肺水肿和急性高原性脑水肿时，在可给予吸氧4～6升/分钟，并给予患者呋塞米片口服，并将患者转运至就近的医院进行治疗。

（二）冻伤患者的紧急处置

首先将患者移至温暖的区域，局部冻伤用40℃左右的温水浸泡，严重的冻伤需要脱下或剪开冻伤者受冻部位的衣物，若衣物冻结不易解脱，则用40℃左右的温水使冰冻衣物融化后脱下。然后用40℃左右的温水浸泡冻伤者肢体或浸浴其全身，水量要充足，帮助冻伤者在15～30分钟恢复正常体温，同时为冻伤者加盖衣物、毛毯等以保暖，并尽快就医。切记冻伤部位不要用手搓或者用火烤（图6-3-3）。如果冻伤者有再次冻伤的风险，则禁止为冻伤者复温，否则会加重伤情。

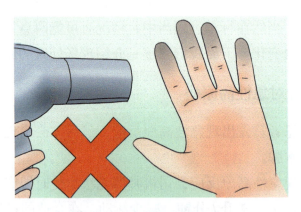

图6-3-3　冻伤复温误区

（三）车祸外伤的现场急救

首先要对伤者进行快速的检查，特别是神志、面色、呼吸、血压、脉搏、瞳孔等生命体征和出血情况，确认伤者是否存在呼吸道梗阻、休克、大出血等致命性损伤。对心跳呼吸骤停者，应立即进行心肺复苏；神志不清者，要保持呼吸道通畅，观察并记录患者的神志、瞳孔、呼吸、脉搏和血压的变化，待生命体征稳定后尽快转往就近的医院急救。多发伤是一种变化复杂的动态损伤，初期检查得出的结论可能是不全面的，必须进行动态观察。

现场处理过程中如若遇见患者出血，需要使用止血法，见本书第一章相关内容，但需要注意，四肢使用止血带止血时需要考虑高原环境下的缺氧环境，要有明显标志，注明上止血带时间，专人计时看守，40分钟内放松一次止血带，每次放松时间2～5分钟，以确保止血带并发症的出现。

有颈椎骨折者，应以沙袋放置颈椎及头部两侧固定；有昏迷者应采取侧位俯卧位，每隔2小时翻身一次，预防压疮发生；危重患者在途中必须保持连续治疗。每隔1～2小时要休整检查一次。

五、高原严寒环境下预防措施

（一）定期体检

高原严寒环境对作业人员的身体素质要求较高，对有高血压、冠心病、糖尿病等慢性病的患者不建议进行高原严寒环境下车辆运输作业，定期对从事高原严寒环境下车辆运输作业司机的体检非常必要。

（二）缺氧的适应性训练

要进行缺氧的适应性训练和工作，可服用一些缓解高原反应的药品或者及时吸氧：高原红景天（至少提前10天服用）、高原安、西洋参含片、诺迪康胶囊（对缓解极度疲劳很有用）、百服宁（控制高原反应引起的头痛）、西洋参（对缓解极度疲劳很有用）、速效救心丸（不可多服）、丹参丸（治疗心血管）、葡萄糖液（出现高原反应的症状时服用有一定的疗效）等，对于高原适应力强的人，一般高原反应症状在1～2天内可以消除，适应力弱的需3～7天。

（三）充分准备

开展高原严寒环境下的车辆运输作业确保准备是充分的（图6-3-4）。

图6-3-4 进入高原注意事项

1. **车辆准备** 首先是车辆的准备，确保车辆在行驶过程中不抛锚。

2. **避免疲劳驾驶** 确保不进行疲劳驾驶，严格按照交通法规进行行驶，超过2小时驾驶时间在合适的场地进行休息。

3. **确保氧气充足** 至少保证氧气瓶氧气量能够使用5～10小时。

4. **备用必需的食物、水、急救药品** 急救物品和急救箱，包括呋塞米片、地塞米松片等，急救箱包括止血、包扎、固定的相应急救物品，急救箱中需要备用电子血压计、血糖监测仪等。

5. **其他**　建议初到高原地区，不可疾速行走，更不能跑步或奔跑，也不能做体力劳动，不可暴饮暴食，以免加重消化器官负担，不要饮酒和吸烟，多食蔬菜和水果等富含维生素的食品，适量饮水，注意保暖，少洗澡以避免受凉感冒和消耗体力。

（杨建中）

第四节　隧道重大交通事故的安全防护与紧急处置

一、隧道交通事故概述

隧道空间的结构特别，通常贯穿于山体，呈管状结构，其空间有着密集的密闭性和特殊性，常常让人产生压抑感。其内行车事故频发，危害性很大。隧道像是一座横躺着的烟囱，一旦发生火灾，产生的热量和烟雾不容易散发，且大量积聚，存在大量毒烟和快速扩散的情况。且火势容易顺着车辆蔓延，再加上隧道长、路面狭窄等原因，车辆拥堵难以及时疏散逃生。因此，隧道交通事故有其特殊性，危害较一般路段大得多。

二、隧道事故的主要原因

（一）车道少空间小

国内大部分隧道内部的车道数量较少，一般只有两条，并且短的隧道多数没有应急车道。一旦隧道发生交通事故或者临时停车，可能引起整个隧道的堵塞。同时，隧道内空间狭小，行车者视线受到限制，部分隧道内设置的反光轮廓辨识度不强，视线效果不佳，容易造成驾驶者视觉疲劳、误判速度、距离等情况，增加事故发生概率。

（二）隧道内部光线不足

隧道内部光线不足，与隧道外存在明显落差。尤其是白天这种落差更加明显，在隧道进出口路段会形成"黑洞效应"和"白洞效应"，容易造成驾驶员进出隧道时出现瞬盲，视觉需要在一瞬间适应过渡。突然光线变化也会影响行车人的视距和判断力，进而引发意外。另外，隧道内部路面如果出现湿滑情况，也会瞬间降低轮胎摩擦力，造成车辆失控。而在昏暗的灯光环境中，司机很难及时发现这些隐患。

（三）随意压线并线

在隧道交通事故中，随意变道导致的事故占了很大比例。许多司机压线行驶，甚至转向灯都不打，对正常车道行驶的车辆造成极大的威胁，这样就极大地增加了发生交通事故的概率。这种事故有时候只是简单的剐蹭，严重的可能会导致翻车甚至起火，并发连锁反应，对公共交通安全造成极大的危害。尤其是涉及运输油料、化工原料和危险品的交通事故，后果更加严重。

（四）违规超速

有些司机喜欢开快车，不严格遵循隧道内的限速规定。但是，在隧道行驶时，人的视觉敏感性和机体反应能力下降，驾驶车辆的可靠性也会受到影响，一旦出现紧急避让或转向不及时，会发生严重的交通事故。因此，在隧道开车时，驾驶员必须控制好自己的速度，把车速控制在安全范围内。

（五）隧道内交通难以分流

由于隧道内一般不设应急车道，车辆分流不能也不能解决，当隧道内发生交通事故时，前方事故车辆的临时停放，也会对后方行驶造成拥堵。而一旦发生车辆起火等重大事故，封闭的内部环境瞬间会增加抢险难度，人员撤离事故现场也是困难重重。另外，类似的事故对于道路清扫难度会非常大，容易发生二次事故。

（六）隧道管理参差不齐

隧道的管理和监控与隧道交通安全密不可分。如果管理存在漏洞，管理不严，就无法有效防范隧道内的交通事故。因此，要确保隧道交通安全，注重人员管理能力和管理素质的提升，在防范的基础上对隧道进行监督管理。

此外，根据国内外隧道交通事故成因统计，由于车辆自身机械故障导致的交通事故占了相当一部分，高速公路过往的车辆抛洒物造成隧道内的交通事故也比较普遍。

三、隧道内交通事故的特点

（一）隧道出入口事故发生率最高

根据高速公路隧道交通事故资料显示，高速公路隧道交通事故中以下三类事故多见，分别是车辆追尾、车辆刮擦和侧方碰撞，以及车辆在隧道内发生故障后未妥善处置造成的二次事故。资料显示，隧道进、出口段是事故高发路段，进口路段隧道内事故多于隧道外，出口路段隧道外事故多于隧道内。因此，驾车行驶在隧道出入口应注意保持车距及控制车速。

（二）长隧道内事故较短隧道内多

资料表明隧道长度与交通事故存在一定关系，长隧道内交通事故发生率要远远高于短隧道。一项研究发现，长隧道年均事故数占比57%，中长隧道、短隧道年均事故数占比分别是20%和16%。因此驾车行驶在长隧道时要充分警惕安全问题。

（三）隧道重特大交通事故、二次事故多

隧道内追尾事故及单车碰撞隧道壁和侧翻事故占比80%以上，其主要原因在于隧道内行车速度过快、隧道内环境差及躲避空间有限。在有限的空间内，受损车辆不易清除分流，极易形成二次、甚至三次事故等，造成人员伤亡。

（四）连环追尾的发生率极高

隧道内空间局限，且视线差，尤其是进出隧道时，驾驶人一般需要4～9秒适应环境，这时若不注意控制车速，没有适当地保持车距，面对前突然出现的状况，极可能因为来不及反应出现连环追尾和人员伤亡，造成重特大事故。

（五）隧道火灾后果很严重

火灾事故在隧道交通事故中所占比例虽不高，但由于高速公路隧道本身的特点，难以组织有效救援，所造的损失同其他形态交通事故相比大得多。尤其是高速公路特长隧道火灾事故，是极具危害性的，其主要特点包括以下几点：

1. **火势蔓延速度快** 车辆发生撞击和摩擦后，很有可能出现漏油或线路起火，如果车身携带易燃物质，尤其是液化气或油罐车，一旦发生火灾，随时可能巨大火灾或爆炸。而由于隧道的"烟

卤效应"和后续车辆的疏通困难，极有可能出现"火烧连营"的现象，危害极大。

2. 烟雾容易造成窒息　由于隧道的狭长的管型结构和相对密封性，当发生火灾时，火灾区域会充满浓烟，尤其是当起火的车辆存在皮革、塑料等制品时，燃烧产生的浓烟毒性很大。而在高温热气压的作用下，隧道的排放能力有限，形成的烟雾多数积存在狭小的空间内。隧道内的含氧量显著下降，在缺氧及吸入有毒有害物质情况下，极易造成人员窒息，甚至死亡。

3. 疏散困难　由于隧道的狭小空间，一旦出现车辆事故，本身就会导致隧道内交通堵塞。而一旦合并火灾，很多人更会出现惊慌失措，有的车辆掉头逃离，导致拥堵进一步加重，有的躲在车里，等待救援和疏通，这些情况都很危险，随时可能将自己陷入险境。这时候，人员的疏散远比汽车的疏散更为重要。

4. 抢险救灾难度大　隧道尤其是高速公路的隧道一般距离消防队较远，消防车到达现场的时间会滞后，而且由于隧道内外的交通堵塞，消防车很难靠近着火点。同时，由于隧道内的混乱，烟雾弥漫，现场状况难以勘察，整个抢险过程也是困难重重。因此，在隧道内发生事故火灾时，驾驶员和乘客不要盲目等待救援，而是要第一时间自救、逃离。

四、隧道交通事故的防范

隧道行驶需要注意什么？据高速公路隧道交通事故规律的研究报告称，追尾事故是隧道交通事故里的头号杀手。进入隧道时，驾驶员的视野和反应能力下降，隧道空间又狭窄，车速一旦过快就会发生追尾。违章超速造成的事故在隧道事故的成因调查中占了39.8%的比例，而车辆故障、隧道故障或者车辆临时停靠而出现事故的概率并不大，只有8.8%左右，且主要原因也是速度过快导致。这两组数据说明驾驶速度过快是隧道事故的最主要因素。一般而言，在进入隧道之前都会有减速标志，提醒车辆减速并开灯再进入。所以，要避免隧道重大交通事故，要做好以下几点。

（一）进入隧道，减速开灯

从隧道外进入隧道内，由于"黑洞效应"，人眼的适应时间为10秒左右，在这一过程中，司机的视觉功能和反应能力是最低的，必须在进隧道前提前降低车速，拉开车距，以相对慢一些的速度安全进入隧道中。严格按照隧道口的限速标准，避免超速驾驶。

高速隧道内的照明设备和反光轮廓虽然有一定的照明效果，但是效果相对微弱，不足以保证行车安全，因此行车时应该打开前灯，增加照明度，打开尾灯，使后续车辆驾驶员辨明前方有车。开启大灯后，我们会提早引起前后车辆注意，从而保持安全行车距离。另外，隧道内尽量不要使用远光灯，在昏暗的隧道内，使用远光会很大程度影响前车视线，无形中增加安全隐患。同时，非高速的隧道有些是双向车道，这种情况下打远光灯会对来车产生明显干扰，容易发生事故。

（二）隧道内保持车距

由于进出隧道时光线差别很大，视线会出现短暂的致盲，因此很多车辆进到隧道时会突然减速，而后车一旦跟车太近，可能来不及反应而撞上，因此保持较远的车距才能保证足够的安全。进入隧道后，将视线注意点放在前方，不要看两侧隧道壁，容易产生错觉，注意保持行车间距。严禁在隧道内变更车道、超车和随意停车。

一般情况下，隧道内行车的距离要保持100米以上，如果隧道比较长，则需要根据提示来保持相对应的安全行车距离（图6-4-1）。

图 6-4-1　保持车距

(三) 驶出隧道注意观察

很多司机在快要离开隧道口时，马上加速驶出。但是隧道口白天存在"白洞效应"，出口时突然光感太亮，司机容易短暂性不适应。而夜间刚好相反，隧道内相对明亮，而隧道外昏暗，影响视线。因此，驶出隧道前，不要提早加速，驶出隧道后，在亮适应过程中切勿盲目加速，以免因视力瞬时下降不适应环境而造成危险。同时，要严密观察隧道出口路况，也有隧道口会出现转弯情况，非高速的隧道口甚至还有行人通行，注意躲避。到达出口时，握稳转向盘，以防隧道口处的横向风引起车辆偏离行驶路线。

(四) 隧道内严禁变线超车

隧道本身比较狭窄，只有 2～3 条车道，而且很多隧道内都是实线，所以隧道严禁变换车道，更不能超车。除非是中间是虚线，且本方车道前方发生事故堵塞时，也要边观察边变线，绝不可盲目，做到心中有底。很多"急性子"的司机一看到前方车速慢，就违规变线超车,这是一种很危险的行为。前方车辆减速可能是出现某些状况,在未观察到问题前,突然变速,既给旁边车道的车辆造成隐患,也可能面临着前方突如其来的危险。合理控制车速,杜绝并线行驶也会相应降低交通事故发生,我们行车时必须按照规定行驶,做到"宁慢一分,不争一秒"。

(五)隧道中出现故障尽可能离开隧道再处理

行车过程中如果出现一些小的故障,有些司机立马选择靠边停车检修,这个在高速上尤其是隧道中是不可取的。一般长隧道内会设有紧急停车位,专门为车辆故障或事故紧急停车使用的。但短的隧道内可能不设有应急车道,而且内部车道偏少,随意停车势必会影响后方行驶车辆,极容易造成追尾事故。如果车辆能行驶的情况下,尽量离开隧道停在隧道外面的应急车道上或者停在长隧道的紧急停车位上。如果在隧道内发生故障或事故车辆无法马上离开现场的,车上人员应该迅速下车沿隧道边离开隧道到路边护栏,立刻报警,同时打开危险报警闪光灯、摆放警示标牌、人员尽快撤离到安全地带避免在隧道内发生二次事故。

五、隧道重大交通事故的紧急处理

(一)隧道发生交通事故的处理

1. 事故双方的正确处理

(1)如果在隧道里发生追尾碰撞等交通事故,只要没有人员受伤车辆能移动的情况下,不要为了责任的划分而停靠在隧道里,这种情况随时会导致后续车辆二次事故。最好的办法是开出隧道,移到路边再报警。

(2)如果有人员受伤或者车辆不能移动的情况下,应当把汽车的"双闪灯"打开，提醒后续车辆注意，然后拿上三角警示牌下车，顺着隧道最边缘的地台往后走，把三角警示牌放到距车150米的地方，警示牌放完之后千万不要再待在车上，做到"人离车"，以免发生二次事故导致受伤。

2. **后续车辆的正确处理** 在隧道发现前方有车祸，如不能避让通过的情况下，千万不要强行倒车。一旦倒车不仅违反交规而且更容易造成事故，这种时候一样应该开启"双闪灯"，确认安全后人员迅速下车。车钥匙要留在车上，否则后面会影响后续救援人员过来挪车。下车后可以在隧道侧方的紧急避险通道/逃生通道/避险屋等避险，这类区域基本能保障不被二次伤害，甚至可以直接通往隧道出口，是非常安全的脱险方式。隧道外的车辆，尽量不要占用紧急停车道，不然会导致救援车辆进不去，造成遇到事故人员错过了最佳的救援时间，间接造成他人死亡！

（二）当车辆在隧道内自燃自救处理

1. **停车** 如果车辆能驶出隧道，可以停靠在隧道出口旁的紧急停车带上；如果车辆无法驶出隧道，则应尽可能停靠在隧道右侧的紧急停车带上；如果已经抛锚，应立即开启双闪灯，向后车做好提醒。

2. **逃生** 车辆自燃时，逃生是本能。尽早撤离到右侧的安全避险区。如果出现车门车窗打不开，马上使用逃生锤敲车窗的一个角上，玻璃破碎后，立即跳窗逃生。

3. **警示** 在确保自身安全的情况下，在车后方150米以外设置警示标志，提醒后车避让或紧急刹车。

4. **自救灭火** 获取随车携带的灭火器灭火。如果灭火器灭火困难，可以利用隧道消防设施实施自救灭火。一般情况下，隧道内的墙壁上每间隔50米，都会有消防栓箱。在确保自身安全的前提下，可利用隧道消防设施实施自救灭火（图6-4-2）。

图 6-4-2　自救灭火

（三）隧道内发生火灾的应急处置

如果在隧道内遇有前方车辆拥堵并可看到火光、浓烟，或者闻到异常气味，这都是非常危险的信号，当务之急是撤离逃生。在隧道火灾中，有些司机选择调转车头，逆向驶出隧道。这种自救方法非常不可取，可能将自己置身于二次事故的危险之中，同时增加拥堵，不方便自己和别人撤离。如果车辆位于火灾前方，应尽快驶离隧道。如果车辆在火灾后方，驾驶人应该果断下车，弃车逃生，具体见图 6-4-3。

一般情况下，隧道每隔几十米就有一个防火门和逃生通道。通过这条逃生通道有可能逃到没有火灾正常通行的对向隧道；也可以沿着隧道中间的通道一直逃到地面上。

图 6-4-3 隧道内安全设施及逃生通道图示

在逃生过程中，如果浓烟不明显，要逆风朝着起火点烟雾流相反的方向逃跑，不要顺风逃跑。如果隧道内浓烟非常严重，离隧道口又很远时，千万不要试图在浓烟中奔跑。火灾中产生的浓烟由于热空气上升的作用将漂浮在上层，直立逃跑时很有可能吸入过量毒气和缺氧而出现晕倒。而在火灾中离地面30厘米以下的地方还应该有空气，因此浓烟中尽量采取低姿势爬行，头部尽量贴近地面。而且，在浓烟中逃生，很容易将浓烟吸入肺里，导致昏厥或窒息，眼睛也会因烟熏的刺激，导致刺痛而难以睁开。可以使用水浸湿的衣物，罩住口鼻，避免吸入过多的浓烟。

（四）隧道交通事故现场伤员的处置

1. **帮助伤员脱离危险环境**　隧道内的车祸伤亡情况，在救人和自救前，首先要脱离危险环境，不要将自己陷入危险之中，防止二次损害事故的发生。将伤员脱离事故火灾现场，置于安全空旷的地面上。

2. **判断伤者情况**　首先必须判断受伤者有无呼吸和心跳，意识是否清楚，以便按"轻重缓急"的原则急救和后送。具体见本书第二章相关内容。

3. **心肺复苏**　一旦患者出现意识消失（呼叫无反应），颈动脉无搏动（气管正中部或喉结的位置，再旁开两指的凹陷处无波动），呼吸停止（胸廓无起伏），则应考虑心搏骤停。立即开始心肺复苏，同时可拨打"120"电话寻求帮助。吸入浓烟窒息的人员早期脱离事故现场部分会清醒回来。

4. **外伤的现场急救**　外伤的处理，主要包括止血、包扎、固定、搬运等。表浅的伤口可以直接压迫止血，四肢明显活动性出血的伤口可以用毛巾或布条绑在四肢的近端。对于有畸形、明显肿胀或活动时疼痛较明显的肢体，做临时固定，防止因骨折断端活动而造成新的损伤，减轻疼痛，这对骨折后续治疗起到重要的作用。具体止血、包扎、固定的方法参考本书第一章相关内容。

（五）事故伤员的转运

在救治和转运伤员时，应了解受伤的部位，以便搬运时保持合适的体位，避免加重病情或发生意外。头部外伤患者容易出现恶心呕吐，宜处半卧位或侧卧位，防止呕吐物引起的窒息，保持呼吸道通畅。胸部受伤的伤员容易出现呼吸困难宜采用半卧位，可用衣物座椅式双人搬运法或用座椅搬运。腹部开放性损伤，肠管等腹腔内容物可能脱出腹腔外，一般不宜放回腹腔，可用碗或干净的湿毛巾等覆盖保护，然后包扎。搬运时，让伤员处于仰卧位，下肢屈曲，然后抬送。如果伤员出现有脊柱明显疼痛，或出现四肢麻木瘫痪的表现时，应首先考虑到脊柱损伤的可能。脊柱损伤在搬运时，一定要注意保护脊髓，以免加重损伤。正确方法可由数人共同进行，使身体平直，用均衡协调的力量抬起或滚动，采用俯卧位放置在木板或担架上。上肢受伤的人员多可步行，但下肢受伤常需背、抱或双人搬运，一般宜作固定后，再行抬运。

隧道内发生交通事故，其后果可能是灾难性的。作为驾驶员，首先要有警觉的交通安全意识，重在预防，严格遵守交通法规，进隧道不超速，不变道，尽可能避免不必要的交通隐患。而一旦发生了隧道内的重大交通事故，尤其是隧道内火灾等危险情况，要熟悉隧道内的结构，尽早脱离险情，确保自身安全。在报警的同时，也要对后车做好警示，避免事故的进一步扩大。在保证自身安全的情况下，要做好现场的自救和救援工作，把伤亡降到最低。

（朱延安）

第五节 典型案例

一、事件经过

8月27日18:30左右,一辆牌照为皖L28601号(赣KG379挂)号重型普通半挂车在途径G15沈海(甬台温)高速往福建方向1 607.4千米处时(猫狸岭隧道中段位置,隧道全长3.7千米),突然发生车轴内挡轮胎爆胎,并出现明火。由于所载皮革制品属易燃品,车辆自燃引起货物瞬间燃烧,火势难以扑灭,造成隧道内短时大量浓烟积聚并扩散至对向隧道,导致已经进入隧道的80余辆社会车辆及人员滞留。事故造成隧道内大批人员伤亡,隧道设施、途经车辆、事故货车及货物严重受损。最终,造成5人死亡、31人受伤(其中15人重伤),直接经济损失500余万元。

二、救治过程

(一)快速响应

事故发生后,台州高速交警支队、台州市公路管理局高速路政大队、台州消防救援支队、台州甬台温高速公司及医疗救护等单位快速响应,迅速投入应急救援。

当天20:00左右,台州医院接"120"指挥中心通知,紧急启动"333"大批伤员急救应急预案,第一时间集结了近百名医护人员,确保了抢救工作的医疗力量到位。医院值班院长、总值班及医务部主任迅速赶赴急救中心,第一时间前往急救中心集结等待统一调配安排,并及时成立以梁军波院长为组长的抢救领导小组及救治、护理、支持小组,有序指挥抢救工作,并为伤员提供多方位的医疗服务。

（二）现场救治

各单位迅速投入救援力量79人，成功将400余辆社会车辆阻截在火场以外；共搜救出被困群众18人，转移疏散100余人；指挥通过人通、汽通门自救逃生11人。由于长时间暴露在有害烟雾中，受伤人员呼吸道均不同程度受损，而其中的低龄儿童情况更加严重。有不少参与营救工作的公安民警因吸入有害气体而出现不适症状。

抢救工作得到省市各级领导和部门大力支持，8月28日凌晨，由省卫健委组织呼吸、急诊、ICU、烧伤、儿科、肺康复、精神治疗方面多名专家到现场进行支援。

此次事故伤员抢救行动中，浙江省台州医院与公安、急救系统和上级医疗单位通力合作，累计投入近200人次的医护资源，努力使事故伤员能得到及时、妥善地救治。共收治伤员28人（未包括后续外院转入患者），其中重症15人，轻症10人，院前死亡3人，4名伤员转院，剩余21人中12人病情较重，9人病情平稳。

（朱延安）